SCIENTIFIC FERTILIZAT
OF FRUIT TREES

李燕青，傅

果樹科學施肥技術手冊

目錄

第一章　果樹施肥原理及形態學營養診斷 …………………… 1

　第一節　必需營養元素種類、來源、功能 ………………… 1
　第二節　果樹對礦質元素的吸收及養分有效性 …………… 4
　第三節　施肥原理與科學施用原則 ………………………… 7
　第四節　果樹營養形態學診斷 ……………………………… 13

第二章　有機肥料與果園土壤培肥 …………………………… 35

　第一節　有機肥 ……………………………………………… 35
　第二節　就地堆肥技術 ……………………………………… 37
　第三節　果園土壤有機質快速提升技術 …………………… 43

第三章　化學肥料 ……………………………………………… 47

　第一節　果園常用肥料類型 ………………………………… 47
　第二節　肥料產品選購辨識 ………………………………… 49

第四章　葉面肥施用技術 ……………………………………… 52

　第一節　葉面施肥的特點及應用 …………………………… 52
　第二節　果園葉面施肥技術 ………………………………… 56

第五章　落葉果樹施肥管理方案 ……………………………… 69

　第一節　蘋果施肥管理方案 ………………………………… 69

第二節　梨施肥管理方案 …… 77

第三節　北方葡萄施肥管理方案 …… 85

第四節　南方葡萄施肥管理方案 …… 89

第五節　桃施肥管理方案 …… 97

第六節　櫻桃施肥管理方案 …… 103

第七節　草莓施肥管理方案 …… 108

第八節　藍莓施肥管理方案 …… 112

第九節　李、杏施肥管理方案 …… 116

第六章　常綠果樹施肥管理方案 …… 121

第一節　柑橘施肥管理方案 …… 121

第二節　香蕉施肥管理方案 …… 128

第三節　鳳梨施肥管理方案 …… 135

第四節　火龍果施肥管理方案 …… 142

第五節　奇異果施肥管理方案 …… 148

第六節　芒果施肥管理方案 …… 154

第七節　荔枝、龍眼施肥管理方案 …… 161

第一章 果樹施肥原理及形態學營養診斷

第一節 必需營養元素種類、來源、功能

要了解果樹正常發育需要什麼，首先要知道果樹是由什麼組成的。化學元素是萬物組成的基本粒子，果樹亦是由基本的化學元素構成。了解果樹的營養元素構成及功能有助於肥料的科學施用。因此，本節我們主要介紹組成果樹的必需營養元素種類、來源及生理功能等果園肥料科學施用的基礎知識。

一、植物組成和必需營養元素

新鮮植物體一般含水量為 70%～95%。植物的含水量因年齡、部位、器官不同而有差異。水果可食部分含水量較高，其次為葉片，其中又以幼葉為最高，莖稈含水量較低，種子中則更低，有時含水量只有 5%。新鮮植物經烘烤後，可獲得乾物質，在乾物質中含有無機物和有機物兩類物質。乾物質中的有機物可在燃燒過程中氧化而揮發，餘下的部分就是灰分，是無機態氧化物。用化學方法測定得知，植物灰分中至少有幾十種化學元素，甚至地殼岩石中所含的化學元素均能從灰分中找到，只是有些元素的數量極少（圖 1-1-1）。

經生物試驗證實，植物體內所含的化學元素並非全部都是植物生長發育所必需的營養元素。1939 年科學家提出了確定必需營養元素的 3 個標準：

1. 必要性

這種化學元素對於所有高等植物的生長發育是不可缺少的，缺

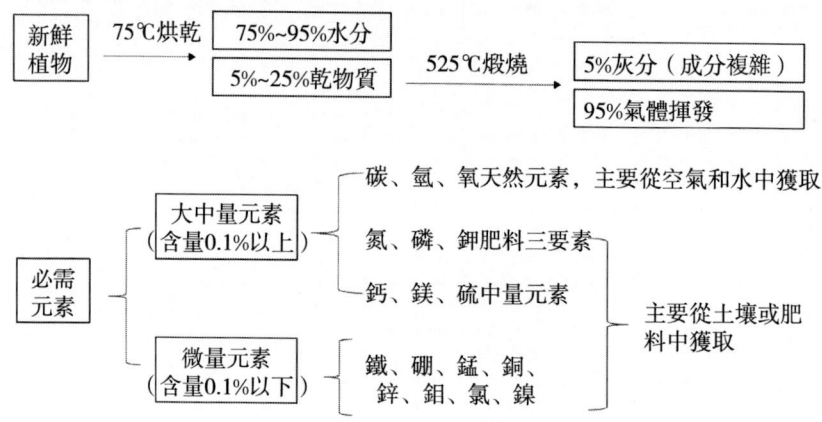

圖 1-1-1　植物主要組成成分及必需元素

少這種元素植物就不能完成其生命週期。對於高等植物來說，一個生命週期即由種子萌發到再結出種子的過程。

2. 不可替代性

缺乏這種元素後，植物會表現出特有的症狀，而且其他任何一種化學元素均不能代替其作用，只有補充這種元素後症狀才能減輕或消失。

3. 直接性

這種元素直接參與植物的新陳代謝，為植物提供營養。一般認為，果樹必需的 17 種元素是碳（C）、氫（H）、氧（O）、氮（N）、磷（P）、鉀（K）、鈣（Ca）、鎂（Mg）、硫（S）、鐵（Fe）、硼（B）、錳（Mn）、銅（Cu）、鋅（Zn）、鉬（Mo）、氯（Cl）、鎳（Ni）。其中，以 C、H、O 三種元素的需求量最大，占樹體乾重的 95％左右。果樹主要從空氣（CO_2）和水中吸收這三種元素，稱為非礦質元素。果樹生長需要的其餘元素均需從土壤或肥料中吸收，稱為礦質元素。不同礦質元素可利用形態如下：氮，NO_3^-、NH_4^+；磷，$H_2PO_4^-$、HPO_4^{2-}；鉀，K^+；鈣，Ca^{2+}；鎂，Mg^{2+}；硫，SO_4^{2-}；鐵，Fe^{2+}；錳，Mn^{2+}；銅，Cu^{2+}；鋅，Zn^{2+}；硼，$H_2BO_3^-$、$B_4O_7^{2-}$；鉬，MoO_4^{2-}；氯，Cl^- 等。

二、必需營養元素的一般營養功能

從生理學觀點來看，根據植物組織中元素的含量把植物營養元素劃分為大量營養元素、中量營養元素和微量營養元素是欠妥的。如果根據植物營養元素的生物化學作用和生理功能可以將植物必需營養元素分為4組：

第一組包括碳、氫、氧、氮和硫。它們是構成有機物的主要成分，也是酶促反應過程中原子團的必需元素。這些元素能在氧化還原反應中被同化，碳、氫、氧在光合過程中被同化形成有機物。將碳、氫、氧、氮、硫同化為有機物是植物新陳代謝的基本過程。

第二組包括磷、硼和矽，這3個元素有相似的特性，它們都以無機陰離子或酸分子的形態被植物吸收，並可與植物體中的羥基化合物進行酯化作用生成磷酸酯、硼酸酯等；磷酸酯還參與能量轉換反應。

第三組包括鉀、鈉、鈣、鎂、錳和氯。它們以離子的形態被植物吸收，並以離子的形態存在於細胞的汁液中，或被吸附在非擴散的有機酸根上。這些離子有的能參與細胞滲透壓，有的能活化酶，或成為酶和底物之間反應的橋梁。

第四組包括鐵、銅、鋅和鉬。它們主要以整合態存在於植物體內，除鉬以外，也常常以配合物或螯合物的形態被植物吸收。這些元素中的大多數可透過原子價的變化傳遞電子。此外，鈣、鎂、錳也可被螯合，它們與第三組元素間沒有很明顯的界線。

提示：構成植物骨架的細胞壁，幾乎完全是由碳水化合物和含碳、氫、氧的其他化合物所組成；作為細胞質主要有機成分的蛋白質，也主要是由碳、氫、氧、氮和少量的硫所組成；細胞核以及某些細胞質的細胞器中的核酸是由碳、氫、氧、氮和磷構成的；所有的生物膜中都含有豐富的脂類，它們主要是由碳、氫、氧、磷和少量的氮所構成。

果樹科學施肥技術手冊

　　鈣的主要功能是進入細胞壁中的膠層結構，成為細胞間起連接作用的果膠酸鈣。鈣在調節細胞膜的透性方面起著重要作用。鎂在化學性質上與鈣相似，它是葉綠素分子的中心元素，也是多種酶的特異輔助因子，對於核糖體穩定性來說也是必需的。鉀的功能是多方面的，對調節膨壓有重要作用，它還能活化許多種重要的酶。

　　在微量營養元素中，除硼和氯以外，其他元素的主要營養功能是作為細胞中酶的基本組分或啟動劑，常常是輔酶或是輔酶的一部分，特別是那些在氧化還原反應中起作用的輔酶中都含有某種微量營養元素。缺硼常會引起分生組織細胞死亡，這可能和硼參與糖的長距離運輸有關。氯在某些作物中也參與膨壓的調節，它作為陪伴離子和鉀一起移動，使細胞維持電中性。

> **提示：** 有益元素（鈉、矽、鋁、鈷、硒）雖不是所有植物所必需的，但卻是某些植物種類所必需的（如矽是水稻所必需的），或是對某些植物的生長發育有益，或是有時表現出有刺激生長的作用（如豆科作物需要鈷、藜科作物需要鈉等）。

第二節　果樹對礦質元素的吸收及養分有效性

　　施肥的目的在於促進果樹對礦質元素的吸收，而土壤中養分元素的有效性是影響果樹對礦質元素吸收的關鍵。本節簡要介紹果樹根系對養分的吸收及根外營養、土壤中養分的有效性。

一、果樹對養分的吸收

1. 根系對養分的吸收

　　根系吸收養分的形態以離子態或無機分子態為主，少部分以有機形態被吸收。根系吸收土壤中礦質元素的過程分兩步：第一步是土壤中養分元素到達根系表皮，第二步是養分元素從根表進入根系內部。

土壤中養分到達根表有兩個途徑：一是根對土壤養分的主動截獲。截獲是指根直接從所接觸的土壤中擷取養分，而不透過運輸，截獲的養分實際是根系所占據的土壤容積中的養分，主要取決於根系容積（或根表面積）和土壤中有效養分的濃度。二是在植物生長與代謝活動（如蒸騰、吸收等）的影響下，土體養分向根表遷移，遷移有兩種方式，質流與擴散。植物蒸騰作用導致根際土壤水分減少，造成周圍土壤和根際土壤產生水勢差，周圍土壤水分攜帶土壤養分向根際土壤移動的過程稱作質流；植物根系不斷吸收有效養分，導致根際土壤有效養分濃度降低並與周圍土壤產生濃度差，從而引起周圍土壤有效養分（高濃度）向根際土壤（低濃度）擴散的過程稱作擴散。

無機養分進入植物根系的過程可以分為兩種情況：一是被動吸收，也稱非代謝吸收，是一種順電化學位能梯度的吸收過程，不需要消耗能量，屬於物理或物理化學吸收作用，可透過擴散、質流、離子交換等方式進入植物根細胞；二是主動吸收，又稱作代謝吸收，是一個逆電化學位能梯度且消耗能量的吸收過程，具有選擇性，故也稱選擇性吸收。植物根系還可以吸收有機態養分，其吸收機理尚無定論，一般認為，在具有一定特性的透過酶作用下進入植物細胞的這個過程是消耗能量的，屬於主動吸收。

> **提示**：土壤中養分濃度、溫度、光照、水分、通氣狀況、土壤酸鹼度、離子理化性狀及離子間的相互作用均可影響果樹根系對礦質元素的吸收。

2. 果樹葉片和地上部其他器官對養分的吸收

植物除可從根部吸收養分外，還能透過葉片（或莖）吸收養分，這種營養方式稱為根外營養。噴施到葉片上的養分進入到葉肉細胞中的途徑有三條。一是透過分布在葉面的氣孔。氣態礦質養分，如 NH_3、NO_2 和 SO_2 主要透過氣孔進入葉片，並迅速參與代謝；水和溶液狀態的營養物質也能部分透過氣孔進入葉肉細胞。二是葉面角質層的親水小孔，如尿素分子，可以自由通過親水小孔進

入葉片內部。三是透過葉片細胞的外質連絲主動吸收葉表的營養元素。礦質養分的種類、配施濃度、葉片對養分的吸附能力、外界溫度等均可影響葉片對礦質營養的吸收過程。

一般來講，在植物的營養生長期間或是生殖生長的初期，葉片有吸收養分的能力，並且對某些礦質養分的吸收能力比根的吸收能力強。因此，在一定條件下，根外追肥是補充營養物質的有效途徑，能明顯提高作物的產量和改善品質。

與根供應養分相比，透過葉片直接提供營養物質是一種見效快、效率高的施肥方式。這種方式可防止養分在土壤中被固定，特別是鋅、銅、鐵和錳等微量元素。此外，還有一些生物活性物質可與肥料同時進行葉面噴施，如果樹生長期間缺乏某種元素，可進行葉面噴施，以彌補根系吸收的不足。植物的葉面營養雖然有上述優點，但也有其侷限性。如葉面施肥的效果雖然快，但往往效果短暫，而且每次噴施的養分總量有限，又易從疏水表面流失或被雨水淋洗。此外，有些養分元素（如鈣）從葉片的吸收部位向植物的其他部位轉移相當困難，噴施的效果不一定好。這些都說明植物的根外營養不能完全代替根部營養，僅是一種輔助的施肥方式。

> **提示：** 根外追肥只能用於解決一些特殊的植物營養問題，並且要根據土壤環境條件、作物的生育時期及其根系活力等合理應用。

二、營養元素的有效性

雖然土壤中存在（原始存在或透過肥料帶入）大量的果樹生長所需的營養元素，然而並非所有營養元素均可被果樹根系吸收。研究者將土壤中能被植物吸收利用的那部分養分稱為生物有效養分。生物有效養分的測定只能透過田間試驗觀測植物的生長效應，耗時費力，難以推廣應用，因此，科學界又在土壤化學分析的基礎上提出了化學有效養分（植物可吸收的養分元素的形態）。化學有效養分與生物有效養分相關性極強，完全可以作為反映土壤養分生物有

效性簡單便捷的指標。在生育期內土壤中不能被植物吸收利用的養分元素則被稱為無效養分。

果樹施肥最直接的目的是提高果園土壤中生物有效養分，促進樹體對養分元素的吸收。然而，肥料中的養分元素是化學意義上的有效養分。因此，施肥可直接提高土壤中化學有效養分的含量，肥料施入後也伴隨著肥料中元素的大量無效化，轉化成了土壤中的無效養分。當然，土壤中的無效養分在一定條件下也會轉化成為化學有效養分。對於土壤養分的管理主要有三方面的工作：一是透過改善土壤物理、化學、生物學特徵，促進無效養分向化學有效養分轉化；二是透過施肥直接提高土壤中化學有效養分的含量；三是促進根系對化學有效養分的吸收，成為生物有效養分。定量化的研究土壤的有效養分及其影響因素、肥料施入土壤後養分元素的轉化，對於發展合理施肥與推薦施肥技術有著重要意義。

第三節　施肥原理與科學施用原則

施肥原理是涉及植物營養學、土壤學、肥料學的具有普遍意義的基本規律。從施肥原理出發，結合實踐，人們推演歸納出了眾多肥料科學施用的原則。掌握施肥原理，充分利用肥料施用原則，方可為果園制定合理的施肥方案。

一、科學施肥原理

1. 營養元素同等重要、不可替代律

對植物來講，不論大量元素還是中量元素或微量元素，在植物生長中的作用都是同等重要，缺一不可的。缺少某種微量元素時，儘管它的需求量可能會很少，但仍會產生微量元素缺乏症而導致減產，並不因為需求量的多少而改變其重要性。作物需要的各種營養元素，在作物體內都有一定的功能，相互之間不能代替，缺少哪種營養元素，就必須施用含有該營養元素的肥料，施用其他肥料不僅不能解決問題，有時還會加重缺素症狀。

提示： 營養元素同等重要、不可替代律告訴我們要均衡施肥，在使用大量元素肥料的同時，要注意補充中微量元素，以防止缺素症的出現，影響果實產量和品質。

2. 養分歸還學說

養分歸還學說的中心內容：植物透過不同方式從土壤中吸取養分，隨著人們將吸收利用了土壤營養的果實、枝條、落葉等從果園取走，必然間接從土壤中將這部分養分帶走，使土壤養分逐漸減少。因此，連續種植會使土壤貧瘠。為了保持土壤肥力，提高作物產量，就必須把作物帶走的礦質養分全部歸還給土壤。施肥是歸還土壤養分最直接有效的方式。

提示： 養分歸還學說從原理上告訴我們土壤中的養分是如何減少的。

3. 最小養分律

最小養分律的中心內容：植物的生長受相對含量最少的養分所支配，作物產量主要受土壤中相對含量最少的養分所控制，作物產量的高低主要取決於最小養分補充的程度，最小養分是限制作物產量的主要因子，如不補充最小養分，其他養分投入再多也無法提高作物產量。例如，氮供給不充足時，即使多施磷和其他肥料，作物產量仍不會增加。最小養分不是固定不變的，在得到一定補充後，最小養分可能發生變化，產生新的最小養分。

提示： 最小養分律也稱作木桶原理，告訴我們要有針對性施肥。缺什麼補什麼，方能發揮肥料的效果。盲目施肥不僅不能提高果實的產量和品質，還可能造成某種元素的過量積累，導致養分失衡，進而影響果實品質。

4. 報酬遞減律與米修里希學說

報酬遞減律的中心內容：從一定土地上所得到的報酬隨著向該

土地投入的勞動和資本量的增加而有所成長，但隨著投入的勞動和資本量的增加超過一定範圍，單位投入勞動和資本量所獲得的報酬增加量卻是在逐漸遞減的。

米修里希學說：在其他各項技術條件相對穩定的條件下，隨著施肥量的增加作物產量也隨之增加，但單位施肥量所獲得的增產量卻是逐步減少的。

提示： 報酬遞減律與米修里希學說告訴我們肥料並不是施用的越多越好，施肥要限量。對於果樹來講，在一定用量範圍內，隨著施肥量的增加，果實的產量和品質均可明顯提高。施肥量一旦超出一定限量則可能造成果樹營養生長過旺，樹勢難以管理，產量降低，果實品質下降。肥料的大量施用也會造成土壤中養分的大量積累，對土壤品質和環境品質造成風險。

5. 因子綜合作用學說與限制因子律

作物生長發育，除了需要充足的養分外，還需要適宜的溫度、水分、光照和空氣等諸多因素（因子）。每種因素對作物的生長發育都有同樣重要的影響。果樹的生長狀況是眾多因素綜合作用的結果，其中某個因素的供給量相對最少，則該因素被稱作限制因子，果實的產量和品質在一定程度上受這個限制因子的制約，即限制因子律。

提示： 因子綜合作用學說與限制因子律告訴我們，為了充分發揮肥料的增產作用和提高肥料的經濟效益，施肥必須與果樹生產的其他措施（灌溉、修剪等）配合，養分之間也應配合施用。

二、果園肥料科學施用原則

果園肥料科學施用應充分考慮土壤養分環境、果樹營養需要、肥料性質，以高產、優質、高效和環保為目標，最大限度實現經濟效益、生態效益和社會效益的最佳化。總而言之，果樹施肥應遵循4R原則，即適宜肥料種類（right source）、適宜肥料用量（right rate)、適宜施肥時間（right time）、適宜施肥位置（right place）。

1. 用地和養地相結合

土壤是果樹根系生長和養分、水分吸收的主要場所，果園土壤肥力狀況顯著影響根系生長及其對養分、水分的吸收。用地和養地相結合的實質就是滿足果樹高產、優質對營養需要的同時，逐步提高果園土壤肥力。其中，用地指採取合理的施肥措施，透過促進根系生長、改善土壤結構和水熱狀況、選擇合適的品種等，充分挖掘果樹利用土壤養分的能力，最大限度地發揮土壤養分資源的潛力，保證果樹高產、優質。養地是指透過施肥逐步培肥土壤，提高土壤保肥、供肥能力並改善土壤結構，維持土壤養分平衡，為果樹的高產、穩產打下良好基礎。另外，養地還要重視改善土壤理化性狀，以及消除土壤中不利於根系生長及養分吸收的障礙因子。養地是用地的前提，而用地是養地的目的，二者互相結合、互相補充。

2. 營養需要與肥料釋放、土壤養分供應特性相吻合

栽培方式、砧木種類、品種、立地條件及管理水準不同，果樹產量和生長量均有較大差異，因此單位產量的養分需求量也不同。此外，土壤肥力水準也顯著影響果樹根系的養分吸收狀況。在土壤肥力較高的果園，施肥不僅效果不好，造成肥料浪費，還會引起果實品質降低和環境汙染問題；而在土壤肥力低的果園，施肥不足則會導致嚴重減產及果實品質降低。

> **提示：** 果園土壤的理化性狀，如結構、質地、pH對果樹根系生長及養分吸收利用有重要的影響，因此在施肥中也應對這些因素加以調控，使之逐步改善。不同種類的肥料在土壤中轉化過程不同，對土壤理化性狀的影響也不一致，果樹對其利用能力也不同，這也需要在生產實際中加以考慮。

沙質土果園因保肥保水性差，應少施勤施肥，多用有機肥，防止養分嚴重流失。鹽鹼地果園因土壤pH偏高，許多營養元素如磷、鐵、硼易被固定，應注重多施有機肥，磷肥和微肥最好與有機肥混合施用。黏質土果園保肥、保水性強，透氣性差，追肥次數可

適當減少，多配合有機肥或局部優化施肥，協調水氣矛盾，提高肥料有效性。

3. 肥料精確調控與豐產、穩產、優質的樹體結構和生長節奏調控相結合

良好的樹體結構有利於協調營養生長（枝、葉等）與生殖生長（花、果）的關係，促進光合作用，優化碳水化合物在樹體內的分配。利用生產技術調節果樹生長節奏，協調營養生長與生殖生長的矛盾，是保證果樹高產、穩產的關鍵，而養分管理在調節果樹生長發育中發揮著重要作用。例如，在蘋果生產中，秋施基肥及早春施肥有利於葉幕和營養器官形成，對保證蘋果樹正常生長有重要意義；而花芽分化期施氮肥（6月上中旬）則需特別注意，過量施氮會造成枝條旺長，不利於果實品質的提高，同時不利於花芽分化。

4. 施肥與水分管理有機結合

水、肥結合是充分利用養分的有效措施。在實際生產中，肥料利用率不高、損失率大等問題的產生往往與不當的水分管理有關。過量灌水不僅會造成根系生長發育不良，影響根系對養分的吸收，同時還會引起氮素等養分的淋洗損失；而土壤乾旱也會使肥效難以發揮，施肥不當還會發生燒根等現象，不利於養分利用及果樹生長。尤其在土壤貧瘠、肥力低的果園，將水、肥管理有機結合，是節約水分、養分資源，提高果樹產量的有效方法。

5. 施肥與栽培技術結合

在果實生產中，施肥技術必須與果樹栽培技術有機結合，栽培技術如環割、環剝、套袋、生草制等的運用都會對施肥提出不同的要求。例如，為控制營養生長過旺、促進開花結果，在蘋果樹上較普遍地實行環割和環剝，可以提高果樹產量的同時，增加樹體對養分的需要。在實行生草制的蘋果園，氮肥的推薦量應較實行清耕制的果園有所增加。因此，在設計果園施肥方案時，應與立地條件、栽培技術相配套。

6. 在充分了解肥料性質的基礎上合理利用各類肥料

有機肥和化肥在土壤培肥、養分含量方面有明顯區別。化肥一

果樹科學施肥技術手冊

般養分元素單一，但養分含量高；有機肥則養分元素種類豐富，但含量低。化肥肥效較快，但肥效持續時間短；有機肥則肥效慢，持續時間長。另外，有機肥可以快速改良土壤，提高土壤協調水、肥、氣、熱的能力；化肥則沒有顯著的改良作用。科學配施有機肥與化肥，可取長補短，實現肥效快慢結合、長短結合，在改良土壤的同時，保證果實產量和品質。在果園有機質含量偏低的現狀下，應大力提倡有機肥與無機肥的配合施用。

有機肥與無機肥相結合的原則有兩方面的內涵：一方面，透過施用有機肥，尤其是施用富含有機質的有機肥，改善土壤理化性狀，提高土壤保肥供肥能力，促進根系生長發育及對養分的吸收，為無機養分的高效利用提供基礎；另一方面，透過施用無機肥料，逐步提高土壤養分含量並協調土壤養分比例，在滿足蘋果樹對養分需要的同時，使土壤養分含量逐步提高。根據一些地區的經驗，蘋果園養分投入總量中，有機養分的投入應占50％左右，可較大限度地發揮有機養分和無機養分在增產和改善果品中的作用。

> **提示：** 氮肥在土壤中容易流失，氮肥施用過程中要遵循「少量多次」的原則，全年化學氮肥施用至少3次以上。化學氮肥亦容易產生氣態損失，所以施肥時盡可能避免撒施，宜開溝深施。化學氮肥施用時最好與有機肥或化學磷、鉀肥混施，促進營養元素間的協同作用，提高肥料利用率。

磷肥對蘋果的開花、坐果、枝葉生長、花芽分化、果實發育都有積極作用。在一年之中，果樹對磷的吸收幾乎沒有高峰和低谷，較為平穩。黃土高原鹼性土壤中，有些土壤中磷的總含量並不低，但由於土壤呈鹼性，磷極易被固定，能溶於水的有效性磷含量非常低，往往使樹體處於缺磷狀態。磷在土壤中的水溶性和移動性較差，當季利用率低，磷肥在施用時要作為基肥施用，而且要深施，盡量施在根系附近，有利於根系對磷的吸收，提高磷肥利用率。磷肥施用時可與優質的呈酸性的有機肥混合施用，有機肥可在磷肥顆粒外圍包上一層「外衣」，避免或減少鹼性土壤與磷肥的接觸，減

少磷被土壤固定。因此，對於鹼性土壤，為避免施入的磷肥被土壤固定，降低其有效性，可在每年秋季結合深翻與有機肥混合施入，全年施入1次也可。

果樹在春梢迅速生長期和果實膨大期需鉀量大，尤其在果實膨大期需鉀最多，這一時期施入鉀肥，可以促進糖向果實運轉，增強果實的吸水能力，果實表現個大，上色早且快，著色面積大而鮮豔，含糖量高，味甜，風味濃，品質佳且耐儲藏。因此，鉀肥的施用時期主要在新梢迅速生長前的謝花後和果實膨大前。此外，秋施基肥時，在有機肥中混施一部分鉀肥，可以增加樹體鉀的儲藏量，對翌年春季春梢生長和幼果發育具有良好作用。鉀肥的施入應以追肥為主、基肥為輔，重視中後期的施用。

解決果樹缺乏某種中微量元素的問題，主要從三方面入手：一是因缺補缺，適時施用。中微量元素的需求量小，施用時要嚴格控制用量和濃度，做到施肥均勻。二是調節土壤環境。土壤pH、水分含量等因素都會影響中微量元素的吸收利用。三是注意合理配施。如鉀過多對Ca^{2+}起拮抗作用，磷過多易引起缺鋅症狀，偏施氮肥會造成缺硼。

第四節 果樹營養形態學診斷

果樹營養形態學診斷是人們為了及時確定果樹發育過程中營養元素是否失衡而總結出來的一些科學方法。目前，常用的營養診斷方法有酶學診斷法、葉片營養診斷法（元素含量標準值）、光譜診斷法（冠層反射、硝酸鹽反射、葉色板、葉綠素儀）以及形態學診斷法。上述方法各有其優缺點，其中營養形態學診斷簡單易行，不需要複雜的理論技術和貴重的儀器設備，診斷者只需具備一定的生產實踐經驗，透過系統的學習即可初步識別果樹發育是否出現營養元素失衡的問題，針對性和實用性強，對一線技術推廣人員、技術骨幹及果農意義較大。本節重點介紹果樹營養形態學診斷方法。

果樹科學施肥技術手冊

一、形態學診斷方法

形態學診斷方法是透過觀察樹體外部形態特徵，即樹體、枝、葉、花、果實等的外觀表現，確定樹體某些營養元素的盈虧狀況的一種診斷方法。形態學診斷方法的一般步驟如下：

1. 正確區分病害類型

引起果樹樹體及果實異常的病害主要有兩類，一類是病原性病害，一類是生理性病害。病原性病害主要指植物真菌、細菌與病毒等病原物侵染並寄生在植物體內而引起寄主植物發病的一類病害，如腐爛病、斑點落葉病、炭疽病等。生理性病害是由不適宜的物理、化學等非生物環境因素直接或間接作用，而造成樹體、果實生理代謝失調所引發的一類植物病害，因不能傳染，也稱非傳染性病害。例如，凍害、旱害、寒害、日灼、缺素等都是生理性病害，其中由於礦質元素的缺乏引起的生理性病害最為常見。引發生理性病害的環境因素主要有土壤條件、溫度、濕度及栽培措施等。

果樹生理性病害與病原性病害發病機理不同，儘管表觀上有相似之處，但防治措施大相逕庭，因此，要正確區分患病果樹是哪類病害引起。可從以下三個方面加以區分：

看病症發生發展的過程：病原性病害具有傳染性，因此，病害的發生初期一般具有明顯的發病中心，然後迅速向四周擴散，通常成片發生；而生理性病害一般無發病中心，以零散發病為多。

看病症與土壤的關係：病原性病害與土壤類型、特性無太大關係，無論何種土壤類型只要有病源，且生存條件適宜，便會發生。生理性病害的發生與土壤類型、特性有明顯的關係，不同土壤類型病害發生與否，以及嚴重程度等有明顯差異。

看病症與天氣的關係：病原性病害在陰天、濕度大的天氣多發或重發，植株群體鬱蔽時更易發生，生理性病害與地上部空氣濕度關係不大，但土壤長期滯水或乾旱可促發某些缺素症，如植株長期滯水可導致生理性缺鉀病害，表現為葉片自上而下葉緣焦枯，土壤

含水量忽高忽低，容易引發生理性缺鈣。

2. 牢記各種元素在植物體內的移動性

氮、磷、鉀、鎂、氯、鉬、鎳等在植物體內容易移動，可以被多次利用，當植株缺乏這些元素時，這類元素從成熟組織或器官轉移到生長點等代謝較旺盛部分，因此，缺素症狀首先表現在成熟組織或器官上。如展葉過程中缺素，症狀首先發生在老葉中；植株開花結實時，這些元素都由營養體（莖、葉）運往花和果實（生殖器官）；植物落葉時，這些元素都由葉運往莖幹或根部。鈣、鐵、硫、鋅、錳、銅、硼等在植物體內不易移動，不能再次被利用，這些元素一般被植物地上部分吸收利用，所以，器官越老其含量越大，缺素症狀均出現在新發生的幼嫩器官上。正確區分植物不同元素的缺素症狀非常重要。

3. 從整體到局部循序漸進找病因

第一步，全園看，看全園發病的規律、土壤情況、水分情況、地勢情況、灌溉水位置及來源等。第二步，整株看，從樹體上部到下部看發病部位，是新梢還是老葉，一般來說，移動性元素缺乏，老葉先表現，不移動性元素缺乏，新生葉片上先表現。第三步，仔細看特性，要看植物新梢形態、葉片大小和葉色、果實畸形特徵等。例如，磷、鉀、鎂等元素在植物體內有較大的移動性，可以從老葉向新葉轉移，因而這類營養元素缺乏症狀都發生在植物下部的老熟葉片上，反之，鐵、鈣、硼、鋅、銅等元素在植物體內不易移動，這類元素缺乏症狀常首見於新生芽、葉。

4. 牢記不同缺素症狀的典型特徵

樹體內必需礦質元素在植物的生長發育中發揮重要作用，當某元素缺乏較為嚴重時，會在植物體不同器官上表現出典型症狀。初步了解每種礦質元素的生理作用，牢記其典型缺素特徵對於準確判斷致病原因具有決定性作用。

二、果樹缺素症的典型特徵

常見果樹缺素症見表1-4-1至表1-4-12。

表1-4-1　常見果樹氮缺乏或過多的專性症狀學

樹種	可見症狀
蘋果	缺氮時，新梢短而細，嫩枝僵硬而木質化，皮層呈現紅色或棕色。葉稀疏，春天葉小，直立，為灰綠色，到夏季，從當年生基部葉開始，成熟葉變黃，之後蔓延到枝條頂端。缺氮嚴重的嫩葉很小，又帶橙、紅或紫的顏色（這是由於碳水化合物及花青素的積累），早落。葉柄和葉脈可能呈現紅色，葉柄和小枝的角度變小。花芽和花都少，果實小，著色良好，易早熟、早落。樹皮呈淺棕至橙黃色，根群生長旺，但纖細，新生根有黃色皮層。氮肥過多時，果實變小，採前落果增加，果實晚熟且著色差，儲藏性能及硬度均變差
柑橘	初期表現為新梢抽生不正常，枝葉稀少，小葉薄，同時全葉發黃，呈淡綠色至黃色，葉片壽命短而早落。開花少，結果性能差，果小、果少，皮薄且光滑，比正常果早著色；嚴重缺氮時，樹勢衰退，葉片脫落，枝梢枯萎，形成光禿樹冠，數年難以恢復
杏	樹體生長衰弱，葉淡綠色、發黃，小而薄；營養枝短而細；完全花比例少；坐果率低，果小；產量低
梨	葉呈灰綠或黃色，老葉則變為橙、紅或紫色。落葉早，花芽及花、果均少，果亦小。但果實著色較好
櫻桃	葉淡綠色，較老葉橙色、紅色或紫色，早期脫落；花芽、花、果均少；果小且高度著色
荔枝	新梢未能及時抽出或生長量少，葉小，葉色黃化暗綠，葉緣微捲曲，新葉及老葉均易脫落，根少，生長差，根系小，樹勢弱。嚴重時葉尖和葉緣出現棕褐色，邊緣有枯斑，並向主脈擴展
枇杷	長勢弱，生長緩慢，葉色淡，新葉小，枝條基部老葉均勻失綠發黃，枝梢細弱，花芽及果實少。長期缺氮，樹勢弱，植株矮小，抵抗力差
龍眼	葉色變成淡黃綠色，葉小；到後期葉呈黃綠相間症狀，葉的邊緣呈黃綠色，靠近葉脈處較綠，最後植株頂部的葉片尖端呈黃褐色病斑，並且逐漸向下擴散；發根極少，呈鬚鬚狀，白色，生長停止
奇異果	葉色淡綠，葉片薄而小，易早落。枝蔓細短，停止生長早，果實小
葡萄	植株瘦弱，枝蔓短而細，呈紅褐色，生長緩慢，嚴重時停止生長。葉片淡綠或黃綠色，小而薄，老葉先開始褪綠，逐漸向上部發展，早落葉，易早衰。花、芽及果均少，果穗鬆散，果實小而不成熟，落花、落果嚴重，花芽分化不良，果粒小，產量低；但果樹著色可能較好。生長期結束早，易提前落葉

（續）

樹種	可見症狀
草莓	草莓剛開始缺氮時，特別是生長盛期，葉逐漸由綠色向淡綠色轉變，隨著缺氮的加重，葉變成黃色，局部枯焦而且比正常葉略小。幼葉隨著缺氮程度的增加，葉反而更綠。老葉的葉柄和花萼呈微紅色，葉色較淡或呈現鋸齒狀亮紅色，以至老葉片變鮮紅色，局部枯焦、出現壞死
李	葉淡綠或灰綠，較老葉橙色、紅色或紫色，早期脫落；花芽、花、果均少；果小且高度著色
桃	缺氮初期，當年生枝基部老葉漸漸變為黃綠色，以後呈綠黃色，隨即停止生長。正在生長的枝條，則從枝條頂端往下5～10cm逐漸變硬，這些病症發展得很快，如繼續缺氮，則由基部開始，逐漸變成黃綠色，同時枝條呈紡錘狀，纖細，短而硬，小枝表皮為棕紅或紫紅色。由於樹體中氮素可以轉移，它能從成熟的葉或生長較慢的葉中轉移到迅速生長的部分，因此，在老的枝條上，症狀比較明顯。 嚴重缺氮時，幼葉變黃、變小。這時，從頂部的黃綠葉到基部的紅黃葉都發生紅棕色或壞死斑點，葉有黃綠、綠黃及紅黃等色，葉未成熟即行脫落。花芽形成減少，小枝及芽的抗寒力減弱，果實小，品質差，澀味重，但著色較好，紅色品種會出現晦暗的顏色。氮素過多時，果實成熟期延遲，紅色差
芒果	下部葉片先黃化，黃葉中央、葉尖、葉緣有壞死斑點，提前落葉
香蕉	葉片淡綠或黃綠色，小且薄，葉鞘、葉柄、中肋帶紅色，葉片抽生慢，中距短；莖稈細弱；果實細而短，梳數少，皮色暗，產量低

表1-4-2 常見果樹缺磷的專性症狀學

樹種	可見症狀
蘋果	蘋果樹對磷的反應雖然十分敏感，但其需求量較氮、鉀、鈣為少，而且樹體中可以積累一些磷素，因此，有時土壤中已經開始缺磷而樹體仍能正常生長，但如繼續缺磷就會呈現缺素症狀。 缺磷時，葉稀疏、小而薄，呈暗綠色，葉柄及葉下表面的葉脈呈紫色或紫紅色。這一現象在春季或夏季更為明顯，這是由於缺磷限制了早期糖的利用，以致形成大量花青素。枝條變小細弱，分枝也顯著減少，果實小。 由於磷素在樹體內可被再利用，因此缺磷症狀首先在新梢基部葉發生。 嚴重缺磷時，老葉發生黃綠或深綠色斑點，不久葉便脫落。新梢細弱，花芽少，果實小，果樹抗寒力差。 蘋果幼苗對磷敏感，樹體中磷的積累較少，再加上幼苗生長迅速，因此，缺磷症狀比結果樹更為明顯

果樹科學施肥技術手冊

（續）

樹種	可見症狀
草莓	缺磷植株生長弱、發育緩慢。葉片暗綠色轉青銅色，逐漸發展為紫色
梨	梨比許多一年生作物更能容忍低磷狀況，在不施磷肥的土壤上，草莓和蔬菜均已表現缺磷症狀，但梨樹仍能正常生長和結果。一般在春夏生長較快的枝葉幾乎都呈紫紅色，葉稀疏、小而薄，呈暗綠色，葉柄及葉下表面的葉脈呈紫紅色，枝條短而細弱，分枝葉顯著減少，果實小。嚴重缺磷時，葉邊緣和葉尖焦枯，葉變小，新梢短，嚴重時死亡。果實不能正常成熟
桃	磷在樹體內可轉移，因此，病症多在當年生枝的老葉上發現。初期，老葉與嫩葉均呈暗綠色，易被誤認為施氮過多；如果氣溫低，葉脈及葉柄會呈紫或古銅色，葉表面也變為古銅色及棕褐色，如果氣候繼續變冷，葉即呈紅或紫色，特別在葉的邊緣和葉柄部分，表現特別明顯。葉子變棕時，頂葉直立，生長趨勢很顯著，幾乎與枝條呈 90°角。葉緣及葉尖向下捲曲，老葉較窄，再隔一定時期，枝條基部葉子出現花斑，逐漸向上擴展。落葉早，葉稀疏。花芽減少，結果很少，果小皮厚，品質差
杏	樹體生長緩慢，枝條纖細，葉片小，葉色變成灰褐色，花芽分化不良，坐果率低，產量下降，果實變小
葡萄	植株生長緩慢，萌芽晚且出芽率低；葉片小，葉色暗綠，嚴重缺磷時葉片呈暗紫色；老葉首先表現症狀，葉片變厚、變脆，葉緣先變為金黃色，然後變成淡褐色，繼而失綠葉片壞死、乾枯；花序柔嫩，花梗細長，落花落果嚴重，果樹發育不良、含糖量低，著色差；產量低；抗寒能力弱
柑橘	樹體矮小，春梢少而細，生長緩慢，在節間很短的枝條上著生狹窄的小葉，並多直立。老葉沿主脈及側脈處具有不規則的綠色條帶，其餘的組織則呈淡綠色至淺黃色；葉片小而窄，葉色呈現暗綠色，並且有部分枯梢現象；花少，坐果率低；畸形果增加，採前落果增多，果小、皮粗糙、厚、鬆軟，果肉木質素多，果汁少而無味，含酸量增加，含糖量降低
荔枝	新梢生長細弱，葉片變小，色暗綠漸呈棕褐色，葉尖和葉緣皺縮乾枯，果實容易脫落，落花落果嚴重，根系發育不良，使根系伸長性能變差
枇杷	根系和新梢生長減弱，展葉開花遲，葉片小，失去光澤，花器發育不良，坐果率低
草莓	葉色帶青銅暗綠色，近葉緣的葉面上呈現紫褐色的斑點，植株生長不良，葉小
龍眼	葉片變大，呈暗綠色，缺少光澤；嚴重時葉尖、葉緣出現棕褐色，邊緣出現枯斑，並且逐漸向主脈擴散

（續）

樹種	可見症狀
芒果	首先在老葉葉脈間有壞死的褐色斑點，最後布滿全葉，葉變黃，隨後變紫褐色，乾枯脫落
香蕉	新葉抽出緩慢，老葉邊緣失綠，繼而出現紫色斑點，最後匯合成鋸齒狀枯斑，葉柄折斷

表 1-4-3　常見果樹缺鉀的專性症狀學

樹種	可見症狀
蘋果	輕度缺鉀的症狀與輕度缺氮極為相似，因為缺鉀時，蘋果不能有效地利用硝酸鹽，使碳水化合物也積累在樹體裡，所以，葉呈淡黃色，而枝條的黃色也可能加深。 缺鉀最明顯的症狀是葉子發生焦枯現象，葉子呈藍綠色。輕度或中度缺鉀時，只是葉緣焦枯，呈紫黑色（為細胞質溶解區域）；嚴重缺鉀，則整個葉片焦枯。這種現象先從新梢中部或中下部開始，然後向頂端及基部兩個方向擴展。葉未焦枯部分，發生皺紋和捲曲，脈間黃化，而葉乾枯以後，能掛在枝上很長時間。 隨著缺鉀症狀逐漸嚴重，新生葉的體積減小。葉在其細胞質溶解前，鉀可從受害病葉轉移到正在生長的部分和新葉中，由於鉀能運轉和再利用，故輕度缺鉀的枝葉能正常生長。中度缺鉀的樹，會形成許多小花芽，結出小的和著色差的果實
櫻桃	葉片呈青綠色，葉緣可能與中脈呈平行捲曲，出現褪綠，隨後灼燒或壞死
葡萄	葉片小而少，新梢減少，新梢中部葉片的葉緣和葉脈間失綠，並逐漸發黃，由邊緣向中間枯焦、扭曲，嚴重時出現褐色壞死斑，葉片質脆易脫落。枝蔓木質部不發達，脆而易斷，果柄變褐，果粒萎縮或開裂，成熟不整齊，粒小而少，穗緊，產量降低，著色不良，糖低味酸，品質差；植株抗寒抗旱力弱
桃	桃樹易發生缺鉀症狀，缺鉀早期症狀是當年生新梢中部葉片變皺且捲曲，隨後壞死，症狀葉片發展為裂痕、開裂，呈淡紅或紫紅色，葉片脫落或不脫落；從底葉到頂葉逐漸嚴重。小枝纖細，花芽少。嚴重缺鉀時，老葉主脈接近皺縮，葉緣或近葉緣處出現壞死，形成不規則邊緣和穿孔；隨著葉片症狀的出現，新梢變細、花芽減少，果型小並早落。桃樹結果過多時，葉片中鉀的含量降低，如在 7 月初。若葉片鉀的含量低於 1% 時，即可見到缺鉀症狀

果樹科學施肥技術手冊

（續）

樹種	可見症狀
桃	果園中缺鉀，除土壤中含鉀量少外，其他元素缺乏或相互作用也能引起缺鉀。桃樹缺鉀容易遭受凍害或旱害，但施鉀肥後常引起缺鎂症，若鉀肥過多，還會引起缺硼
梨	輕度或中度缺鉀時，只是葉緣焦枯；嚴重缺鉀時，則整個葉片焦枯。這種現象先從新梢中部或中下部開始，然後向頂端及基部兩個方向擴展。葉未焦枯部分，發生皺紋和捲曲，脈間黃化，而葉乾枯以後，能掛在枝上很長時間。注意有症狀的葉位，如果是中部葉和下部葉可能是缺鉀。如果是同樣症狀出現在上部葉有可能是缺鈣。缺鉀枯焦邊緣與綠色部分清晰，不枯焦部分仍能正常生長
草莓	開始缺鉀的症狀常發生於新成熟的上部葉片。葉中脈周圍呈青綠色，同時葉緣灼傷或壞死；葉柄變紫色，繼而發展為灼傷，隨後壞死，還在大多數葉片的葉脈之間向中心發展，老葉片受害嚴重。光照會加重葉片灼傷，所以缺鉀常與日灼相混淆
柑橘	老葉葉尖首先發黃，葉片略皺縮，隨著缺鉀程度加重葉片逐漸捲曲、皺縮而呈杯狀；新葉一般為正常綠色，但結果後期當年生葉片葉尖明顯發黃。樹體生長緩慢，新梢數量減少，枝條上葉片數量減少，枝條枯死，葉片主脈和側脈黃化，向陽面的葉片容易出現日灼現象，花期後出現大量落花；坐果率低，產量下降，果小，著色不好，果汁味淡。皮薄光滑，裂果和皺皮果增多
荔枝	葉片大小近似於正常，與正常時差異不大，色稍淡，葉尖灰白，枯焦，葉緣棕褐色，逐漸沿小葉邊緣向小葉基部擴展，邊緣彎曲有枯斑；抽梢後大量落葉中脈兩旁有平行小枯斑。根系不發達。老葉尖端葉緣發黃或變褐、乾枯直至燒焦狀，黃化向脈間擴展，呈現褐色斑點
龍眼	葉片變小，生長緩慢，逐漸出現落葉；新根發根能力差，初期在側根上尚可長出少量的「胡鬚根」，後期則停止發新根，原來生長的主、側根變成彎曲狀
芒果	葉片小而薄，首先在老葉葉緣出現黃色小斑，之後枯斑沿葉緣呈「V」形向葉基擴展，葉基仍保留帶綠色的「△」區，葉不易脫落
李	葉片呈青綠色，進而葉緣可能與中脈呈平行捲曲，褪綠，隨後灼傷或壞死
香蕉	葉片折，果實早黃，老葉失綠，中肋彎曲，葉片向葉基反向捲曲

表1-4-4 常見果樹缺鈣的專性症狀學

樹種	可見症狀
蘋果	首先反應在根繫上，新根過早地停止生長，根系短而有所膨大，有強烈分生新根的現象。其過程是根尖停止生長，但皮層繼續加厚，根尖附近出現很多幼根，新生幼根從根尖向後逐漸枯死，而枯死部分之後又長出許多新根，這種根系強烈分生新根的現象是果樹缺鈣的特徵。 　　果樹輕度缺鈣時，地上部分往往不出現症狀，但果樹生長減緩。幼苗缺鈣，植株最多長到30cm左右即形成頂芽，這些植株的葉可能不表現出症狀，但葉片數減少。 　　成齡樹缺鈣，在小枝的嫩葉上先發生褪色及壞死斑點，葉邊緣及葉尖有時向下捲曲，褪色部分顏色先呈黃綠色，1～2d內變成暗褐色。這種現象還會蔓延到比較老的葉子上。除新生葉稍小外，缺鈣對葉子大小的影響不大。 　　由於鈣在果樹生長期間，不能被再利用，因此缺鈣症狀首先在嫩葉上表現出來。缺鈣時，果實也會發生各種缺鈣病害，如苦痘症、水心病、痘斑病等
梨	幼根的根尖生長停滯或枯死，在近根尖處生出許多新根，形成粗短且多分枝的根群，這些是缺鈣的典型特徵。 　　新梢生長到30cm以上時，頂部幼葉邊緣或近中脈處出現淡綠或棕黃色的褪綠斑，經2～3d變成棕褐色或綠褐色焦枯狀，有時葉和焦邊向下捲曲。此症狀可逐漸向下部葉片擴展。 　　果實近成熟期可發生苦痘症，果面上出現圓形、稍凹陷的變色斑（綠色或黃色果面處呈濃綠色，紅色果面處呈暗紅色），變色斑直徑2～5mm，在果肉處深約5mm，海綿色、褐色，味苦。果實上也可發生痘斑病，果面上出現許多以果點為中心直徑1～2mm並具紫紅色暈的斑點。 　　葉部症狀只發生在頂部幼葉，如果中部葉出現類似症狀，則可能是缺乏其他元素。頂部幼葉萎縮枯死，有可能是缺硼，但缺硼一般不會突然枯死。在葉片出現症狀的同時，根部出現枯死，並形成粗短多分枝的根群
桃	缺鈣時，嫩葉都先沿中脈及葉尖產生紅棕色或深褐色壞死區，這些區擴大後，出現兩種形式，第一種形式是由枝條基部及頂端開始落葉，小枝上只保留一些很短的枯梢，第二種形式是缺鈣嚴重時，症狀較輕時頂端生長減少，老葉的大小和正常葉相當，但幼葉較正常葉小，葉色濃綠，無任何褪綠現象，之後，幼葉中央部位呈現大型褪綠、壞死斑塊，側短枝和新梢尤為明顯，在主脈兩邊組織有大型特徵性壞死斑點，頂部枝梢幼葉由葉尖及葉緣或沿中脈乾枯。老葉接著出現邊緣褪綠和破損，最後葉片從梢端脫落，發生梢端頂枯

果樹科學施肥技術手冊

（續）

樹種	可見症狀
桃	嚴重缺鈣時，枝條尖端以及嫩葉火燒般壞死，並迅速向下部枝條發展，致使許多小枝完全死亡，甚至一些較大的枝條也同樣死去。每個小枝上，葉片壞死和褪色的情況與第一種形式相似。 果園缺鈣可削弱桃根的生長，主要表現在幼根的根尖生長停滯而皮層仍繼續加厚，在近根尖處生出許多新根；根短，呈球根狀，出現少量線狀根後回枯；嚴重缺鈣時，幼根逐漸死亡，在死根附近又長出許多新根，形成粗短多分枝的根群。 地上部分缺鈣症狀比蘋果出現較早，如果春季或迅速生長期缺鈣，則頂梢上的幼葉從尖端或中脈壞死，如果不是在迅速生長期缺鈣，地上部不發生壞死，但根受到一定的傷害。如在生育後期或春季生長了一兩個月以後缺鈣，許多枝條會異常粗短，頂葉深棕綠色，大型葉片多，花芽形成早，莖上皮孔漲大，葉片縱捲。葉片縱捲是缺鈣的特徵之一
柑橘	夏末秋初春梢葉先由葉尖發黃，後向葉緣擴展，葉片比健葉狹長、畸形，隨著病情加劇，黃化區域擴大，出現大量枯梢落葉現象；新梢生長受阻，梢短樹矮，根系生長細弱，易發生根腐病，落果嚴重，果小畸形、汁胞皺縮等，成熟期延後，果皮薄，易裂果
荔枝	葉片變小，沿小葉邊緣出現枯斑，造成葉邊緣彎曲，當新梢抽生後即大量落葉，中脈兩旁出現幾乎呈平行分布的細小枯斑，嚴重時枯斑增大，並連成斑塊，新梢生長後即落葉。根量明顯減少，根系生長不良，易引起裂果
龍眼	新梢部分的嫩葉葉尖出現淡褐色斑駁，並且向葉背彎曲，逐漸下垂枯萎；細根呈灰黑色、支根逐漸腐爛，主根通常呈球狀突起
芒果	頂部葉片先黃化，主脈出現褐色灼傷狀，葉皺縮，易破裂脫落
葡萄	頂端幼葉皺縮，邊緣和葉脈間褪綠，呈淡綠色，有灰褐色壞死斑，近邊緣有針頭大小的壞死斑；莖蔓尖有枯死現象；捲鬚枯死；新根短促而彎曲，尖端容易變褐枯死。果實易脫落、腐爛，硬度低，不耐儲藏
草莓	葉尖及葉緣呈燒傷狀，葉脈尖褪綠及變脆。 幼葉可能枯死，或僅小葉和小葉的一部分受害，有時在小葉近基部呈明顯紅褐色。地上部受害前根部先受害，從根尖回枯；接著在死根後部發出新生細根，全部根系由短根組成
香蕉	幼葉側脈變粗，靠近葉肋的側脈先失綠，接著靠近葉尖的葉緣間失綠，還表現為抽生新葉僅有中肋而葉片缺刻

22

表 1-4-5　常見果樹缺鎂的專性症狀學

樹種	可見症狀
蘋果	缺鎂的症狀比較特殊，在缺鎂初期，葉片還未出現壞死，好像氮素過量的症狀，表現為深綠色。 幼齡蘋果樹，植株頂部嫩葉逐漸失綠，之後，新梢基部成熟葉的葉脈間出現淡綠或灰綠色斑點，這些斑點很快就擴展到葉邊緣，幾小時後，葉即變為淡褐色至深褐色，1～2d 後即捲縮脫落。落葉從老葉開始，之後迅速擴展到頂端，最後只剩下薄而淡綠的葉。 鎂在植物體內能夠再利用，因此，在嚴重落葉的樹上，仍能繼續生長。 成齡樹缺鎂多在 7～8 月顯示出來，病葉不像幼齡樹那麼容易脫落，短果枝和新梢上的葉都可能發生壞死斑點。枝條細弱易彎，嚴重的在冬季還可發生梢枯。 果實不能正常成熟，果小，著色差，無香味
櫻桃	較老葉片葉脈間褪綠，隨之壞死；葉緣常常是首先發病的部位，紫色、紅色和橙色線暈先行壞死，早期落葉
葡萄	症狀從老葉開始，逐漸向上延伸。先是老葉脈間褪綠，接著葉脈間發展成帶狀黃化斑塊，大多數葉片內部向葉緣擴展，逐漸黃化，最後葉肉組織黃褐色壞死，僅剩下葉脈保持綠色，壞死的葉肉組織與綠色的葉脈界線分明，呈網狀失綠；綠色品種的葉脈間變為黃色，而葉脈的邊緣保持綠色；黑色品種葉脈間呈紅到褐紅（或紫）色斑，葉脈和葉的邊緣均保持綠色。新梢頂端呈水浸狀，中、下部葉片早期脫落；坐果率和果粒重下降，產量降低；果實著色不良，成熟晚，含糖量低，品質下降。葡萄缺鎂症狀多發生在後期，葉片皺縮，蔓莖中部葉片脫落，使枝條中部光禿
桃	和蘋果相似，桃樹缺鎂多與施用鉀、鈉較多有關，並不一定是鎂的供應不足。雖然鎂在桃樹內可以進行運轉及被重新利用，但是，上部和基部幾乎同時可見缺素症狀。缺鎂初期，成熟葉呈深綠色，有時呈藍綠色，正在生長的小枝頂端葉片有時表現輕微缺綠，之後形成的葉比較薄，其葉面積還不致受影響。生長期缺鎂，當年生枝基葉出現壞死區，呈深綠色水浸狀斑紋，具有紫紅邊緣。壞死區幾小時內可變成灰白至淺綠色，然後成為淡黃棕色，遇雨立即變為棕褐色，幾天之內即凋落。落葉嚴重，可達全樹的一半，老葉邊緣也會失綠。小枝柔韌，這種樹常在第一年冬季死亡。成年桃樹缺鎂，花芽形成大為減少
梨	老葉失綠，上部葉顯深棕色。頂部新梢的葉片出現壞死斑點，比蘋果葉上的壞死區要窄一些，葉緣仍為綠色。嚴重缺素時，從新梢基部開始的葉片脫落，其他和蘋果缺鎂相似。 缺鎂時幼齡樹植株頂端嫩葉逐漸失綠，之後新梢基部成熟葉的葉脈間出

果樹科學施肥技術手冊

（續）

樹種	可見症狀
梨	現淡綠色或灰綠色斑點。落葉從老葉開始，之後迅速擴展到頂端，最後只剩下薄而淡綠的葉。成齡樹病葉不像幼齡樹那麼容易脫落，短果枝和新梢上的葉都可能發生壞死斑點，枝條細弱易彎，嚴重時冬季還可能發生枯梢，果實不能正常成熟，果小、著色差，無香味。缺鎂與缺鉀症相似，區別在於缺鎂是從葉內側失綠，缺鉀則是從葉緣開始失綠
柑橘	果實附近的葉片和老葉首先出現症狀。缺鎂初期，葉片先沿葉脈兩側產生不規則的黃色斑塊，逐漸向兩側擴展，使葉脈間呈肋骨狀黃化，後期老葉大部分黃化，僅葉尖處及主脈綠色，成葉基部殘留三角形綠色部，呈明顯倒「V」形。嚴重時全葉變黃，遇不良條件易脫落，落葉枝條常在翌年春天枯死。症狀全年均可發生，以夏末或果實近成熟期易發生
荔枝	首先從下部葉片開始，葉片小，脈間失綠，葉片中脈兩邊出現近似平行的細小枯斑。老葉脈間有褪綠黃化斑點，後擴展到葉緣，病斑呈黃褐色，葉片脫落，嚴重時，斑點擴大，連成斑塊。每次新梢生長都有落葉現象，根系不發達，花和果實發育不良
龍眼	葉片變小，逐漸失綠，先是葉片呈黃綠相間斑駁（靠近葉脈處呈濃綠，葉脈間呈黃綠色），繼而黃化症向內擴散，最後新生出的葉片呈花葉狀，並且稍向葉背彎曲；根部表現為，從根頸部長出白色粗而短的肉質根，不再分枝；到了後期，老根逐漸腐爛，僅能從根頸處再發出粗短的肉質根，但數量很少
草莓	較老葉片葉緣褪綠，有時在葉片上或葉緣周圍出現黃暈或紅暈
李	較老葉片褪綠，從近葉緣或葉脈間開始發生
香蕉	葉緣向中肋漸漸變黃，葉序改變，葉鞘邊緣壞死散把

表 1-4-6　常見果樹缺鋅的專性症狀學

樹種	可見症狀
蘋果	缺鋅最明顯的症狀是簇葉（又叫小葉病），即在春季新梢頂端輪生著一些小而硬、有時呈花斑的葉，新梢的其他部位可能很長時間沒有葉片（俗稱光腿現象），之後，在受害枝的下部長出新的嫩枝，開始可形成正常的葉片；再後，變得窄長，產生花斑；受害的第一年後，小枝可能梢枯。缺鋅使花芽減少，果實小、畸形、發育差。在缺鋅不太嚴重時，枝條生長一段時間後，頂端可能生成失綠的或有雜色的較大簇葉，形成簇葉前，長出的絕大多數葉片全都脫落，枝條細而短，受害枝下面還能長出具有正常葉片的嫩枝

24

（續）

樹種	可見症狀
梨	最典型的症狀是小葉病，即春季新梢頂端生長一些狹小而硬、葉呈黃綠色的簇生葉，而新梢其他部位較長時間沒有葉片生出，或中、下部葉葉尖和葉緣變褐焦枯，從下而上早落，形成光腿現象。也有從頂端下部另發新枝，但仍表現節間短，葉細小。花芽減少，花朵少而色淡，不易坐果。老樹根系有腐爛，樹冠稀疏不能擴展，產量很低
桃	典型的缺鋅是小葉病。夏末，葉片上開始出現失綠斑點，從基部到頂部逐漸擴展，如不及時施鋅，翌年春天或夏初，葉開始褪色，葉脈間先呈黃綠，葉成熟時變為淡黃色，1有的葉發生紫紅花斑，很多葉出現壞死斑後，早落，落葉從枝條上半部開始，之後，除頂端幾片葉外，幾乎全部脫落。缺鋅後，小枝短，枝頂可生出失綠、狹窄的皺縮葉；病情嚴重時，枝頂小葉形成簇狀，質硬、無葉柄。在發育受抑制的枝下面，能生成新的小枝，這種枝條翌年開始生長較遲。未能長出葉的小枝有頂端枯死現象。整株果樹在3~4年內也會死亡。花芽生長受到強烈抑制，果少而畸形，品質極差
葡萄	小葉、小果是葡萄缺鋅的主要特徵。其他症狀主要有新梢節間短，頂端呈明顯小葉叢生狀；枝條下部葉片常有斑駁或黃化現象，葉脈間的葉肉黃化；葉片呈斑狀失綠；枝條纖細，嚴重時死亡；花芽分化不良，坐果差，落花落果嚴重；果穗鬆散，果小無核，常常綠且硬，產量顯著下降
柑橘	枝梢生長受阻，新梢纖細，節間變短，呈直立的矮叢狀，嚴重時小枝枯死。葉片窄小，直立，呈叢生狀，也稱小葉病；葉肉褪綠，黃綠相間，葉脈間呈黃色斑駁，初為花葉；嚴重時葉片呈淡黃至白色，葉片易落。柑橘缺鋅與缺錳症狀有時易混淆，但可以區分。其主要區別是：缺鋅葉片的褪綠部分顏色很黃，而缺錳的褪綠部分則帶有綠色；缺鋅的嫩葉小而狹，而缺錳的葉片則大小和形狀基本正常；缺鋅的老葉症狀較不明顯，缺錳的則老葉明顯表現症狀
荔枝	新葉脈間失綠黃化，新梢節間縮短，小葉密生，小枝簇狀叢生。葉上還出現黃色斑點。脈間失綠和頂枯
草莓	草莓缺鋅時，老葉變窄，特別是基部葉片缺鋅越嚴重，窄葉部分越伸長；但缺鋅不發生壞死現象。嚴重缺鋅時，新葉黃化，葉脈微紅，葉片邊緣有明顯鋸齒形邊；結果少
龍眼	葉片帶有黃色斑點，葉緣扭曲，可以引起小葉病
芒果	葉片長而細，簇生小葉，葉片褪綠不勻，易碎和皺縮

（續）

樹種	可見症狀
香蕉	首先發生在幼葉上，出現白條帶，約1cm寬，與新葉葉脈平行，隨著缺鋅程度加重，新葉變窄，果穗小且變形

表1-4-7　常見果樹缺硼的專性症狀學

樹種	可見症狀
蘋果	由於硼在樹體內不積累也不運轉，因此，缺硼症狀非常明顯。缺硼首先表現在根尖上，根系細胞分化和伸長受到影響。 對蘋果的枝條和葉片則有幾種類型：(1)枯梢：早春剛開始生長時，會發生梢枯。到夏末，新梢上的葉片呈棕色，而葉柄呈紅色，整個葉片呈凸起或扭曲。在葉的尖端及邊緣處出現壞死區域。典型症狀是枝條頂端的韌皮部及形成層中呈現細小的壞死區域，這種類型的壞死，常見於葉腋下面的組織，再擴大就使新梢從頂端往下發生枯死。(2)鬼帚：春天，看起來正常的芽停止生長，或生長得很慢，不久即死亡，受害枝逐漸死亡，之後，緊靠著死亡部分下面的側芽長出許多不正常的細枝，這些細枝又迅速死亡，刺激其他萌發枝的發育，以致形成掃帚狀。這種類型的缺硼樹可在幾年之內整株死亡。(3)簇葉：在早春或夏末發生梢枯以後，從不正常的短節上，長出非常細小、較厚和易脆的葉片，它們多半發育不全，葉緣平滑無鋸齒。 缺硼的果實，可在落花後兩週直到採前任意時間內，在果肉內任何部分形成「內木栓層」。最初在果肉內顯出水浸狀區域，之後，很快變成褐色潰瘍，乾後形成木栓，如病症早期發生，受害果畸形、早落。如果晚期發生，則果實不畸形，但果肉內有較大褐色潰瘍。成熟果的褐色潰瘍部分有苦味。果實發育初期還可形成外木栓層，最初在幼果皮上呈水浸狀壞死區域，這一現象可發生在果皮的任一部位，但是，以綠色部分更為突出，這種潰瘍逐漸變硬，呈褐色，之後，由於果實的生長使果皮發生裂縫及皺縮，並形成薄層粉霜，這種果實可能很早脫落，或者仍掛在枝上。輕病果可有正常大小。 缺硼的蘋果樹樹皮也可能表現出症狀，出現病痕。 由於硼在樹體內不能積累又不能轉移的這種性質，決定了在蘋果整個生長週期內需源不斷地供給硼，這也就是為什麼在極度缺硼的地區，土壤施硼比噴硼更為有效的道理。由於這個性質，蘋果樹會隨時發生缺硼症狀。 另外，因為硼的有效性受多種因子影響，因此，每年在同一地塊的樹體，也會發生不同的症狀。植物在表現出缺硼症狀以前，還有潛在缺乏的現象，這時噴硼或土壤施硼，均有良好反應

（續）

樹種	可見症狀
杏	杏樹硼缺乏小枝頂端枯死。葉呈抹刀形，小而窄，捲曲，尖端壞死，脆，脈間失綠。果肉中有褐色損傷，核的附近更嚴重。 杏樹硼素過多最明顯的症狀是一年生和二年生枝顯著成長，節間縮短，並出現膠狀物。一年生和二年生枝嚴重裂皮脫落。夏天有許多枝梢枯死，頂葉變黑脫落。小枝、葉柄、主脈的背面表皮層也均出現潰瘍。坐果率低，果實大小、形狀和色澤正常，但早熟。少數小而形狀不規則的果實果面，有似瘡痂病的疙瘩，然而成熟時可脫落
櫻桃	春季出現頂枯，枝梢頂部變短。葉窄小，鋸齒不規則。雖然有時能形成花芽，但不開花結實
葡萄	葡萄早期缺硼的症狀，是幼葉呈擴散的黃色或失綠，頂端捲鬚產生褐色的水浸區域，離枝條頂端的第三或第四片葉呈杯狀。 缺硼時，葉或生長部分的症狀是：(1) 生長點死亡，接著在頂端附近，發出許多小的側枝，未成熟的枝條往往出現裂縫或組織損失；(2) 枝蔓節間變短，易脆折，植株矮小，副梢生長弱；(3) 葉子的邊緣和葉脈間開始失綠或壞死，幾乎成為白色，有些品種之後轉為紅色；(4) 幼葉畸形，出現油浸狀白斑，葉中脈木栓化變褐，葉肉皺縮，葉面凹凸不平，老葉肥厚，像背面反捲，葉緣出現失綠黃斑，嚴重時葉緣焦枯；(5) 捲鬚出現壞死部分；(6) 莖的頂端腫脹，有時出現破裂或損傷，未成熟的莖會出現裂縫或組織損傷，這些腫脹的部分出現內木栓層；(7) 花序乾縮，花粉管發育不良，花蕾不能正常開放，花冠不脫落或落花落果嚴重，不坐果或坐果少，果穗小，無籽小果增多，產量、品質下降。乾旱年分特別是花期前後的乾旱年分缺硼症狀十分明顯。 葉缺硼的症狀主要在花前兩週到花後兩週出現，多呈現在離頂端的第五或第六片葉上，之後，如果土壤濕度充足，從側芽會長出許多旺枝把失綠葉遮住，看起來失綠葉是在基部，實際是在蔓的頂部，顯然，缺硼症狀只能在缺硼的新生組織裡顯出
桃	桃樹缺硼時，幼葉發病。發病初期，頂芽停長，幼葉黃綠，其葉尖、葉緣或葉基出現枯焦，並逐漸向葉片內部發展。發病後期，病葉凸起、扭曲甚至壞死早落；新生小葉厚而脆，畸形，葉脈變紅，葉片簇生；新梢頂枯，並從枯死部位下方長出許多側枝，呈叢枝狀。 花期缺硼會引起花粉少，授粉受精不良，從而導致大量落花，坐果率低，甚至出現縮果症狀，果實變小，果面凹陷、皺縮或變形。因此，桃樹缺硼症又稱縮果病。縮果病有兩種類型，一種是果面上病斑壞死後，木栓化變成乾斑；另一種是果面上病斑呈水浸狀，隨後果肉褐變為海綿狀；病重時，有採

(續)

樹種	可見症狀
桃	前裂果現象，主要表現在果實近核處發生褐色木栓區，常會沿縫線裂開，果實表面出現粒狀木栓組織，有分泌物，果畸形，直至成熟不易脫落。 硼過多時，葉子小，主肋背面有壞死斑，一、二年生枝上有潰瘍。嚴重時，葉子變黃、早落
梨	側枝普遍頂枯。葉片稀少，症狀小枝上的葉片通常變為暗色，不易脫落。頂枯下方的新梢或枯死，或呈叢生狀。 開花不正常，坐果很少。 果實裂果，果面有汙斑，果肉失水，堅韌，萼端通常有石細胞，缺乏風味。果實轉黃不一致且早熟。果肉變褐，木栓化，組織壞死，果實表面凹凸不平，味苦。症狀因品種而異。果實香味差，經常是未成熟即變黃，變黃程度參差不齊。樹皮出現潰爛
草莓	葉片短縮，呈杯狀，畸形，有皺紋，葉緣褐色。隨著缺硼加重，老葉葉脈失綠或向上捲曲。莖蔓發育緩慢。根量稀少。花小，授粉和結實率低，果實畸形或呈瘤狀或變扁，果小種子密，果品品質差
李	缺硼或硼素過多時，果實中會出現充滿膠狀物的空穴，症狀的出現決定於氣候。多硼時，節腫脹，新枝枯死，在二年生枝上的短枝，生長緩慢，這種枝上的成熟葉僅有2cm長。樹皮和一、二年生枝裂皮，向上捲，嫩皮脫落，不流膠。葉粗糙，中肋變厚，接近組織處為古銅色，沿中脈背面常出現小且淺棕色的潰瘍，畸形小葉中脈附近出現壞死斑點，最後葉脫落，有些葉的邊緣向上捲曲。果實形狀正常，但果個小，比正常果早熟
柑橘	葉出現透明狀、水浸狀斑駁或斑點，並出現畸形；成熟葉和老葉的主脈和側脈變黃，嚴重時葉主脈、側脈腫大變粗、破裂、木栓化，失去光澤，易脫落；幼果果皮有時表現乾枯、變黑，海綿層破裂流膠，果實大量脫落，產量低；殘留的果實小，堅硬，果實枯水，果汁少，內部具赤褐色病斑，果皮厚、畸形，種子敗育，含糖量低，風味差
荔枝	植株初期生長頂端生長慢，根系不發達，樹體糖類運輸受阻，新梢頂部易受害，側芽大量著生，葉片生長發育不正常，葉小肥厚又畸形，葉黃化捲縮發暗，幼嫩生長中心不規則，有黃色斑點，影響開花受精，降低坐果率和產量，果穗不實明顯
芒果	有輕重不一的褪綠現象，並出現壞死斑點和斑塊；有簇葉，葉小，頂芽易枯死，葉厚，葉脈腫脹
香蕉	幼葉出現與主脈垂直的條紋，隨著缺素的發展，葉片由於發育不完全而成為畸形。在極端缺硼時，植株甚至由於不長新葉而生長點死亡。果穗畸形，蕉果易脆

表1-4-8　常見果樹缺錳的專性症狀學

樹種	可見症狀
蘋果	缺錳蘋果的葉呈等腰三角形，從葉子邊緣開始失綠，失綠部分沿中肋和主脈顯出一條寬度不等的綠邊（這種失綠很容易與缺鐵失綠區別開來，因為缺鐵失綠，是從頂端葉子開始，而它與缺鎂失綠的區別是後者的綠色帶較寬）。之後，失綠面積擴展到葉的中脈，在失綠區看不到細脈。缺錳嚴重的，可使全部葉子黃化，但頂梢新生葉仍為綠色，此時，缺錳和缺鐵的失綠難以辨認。雖然兩者都可因土壤高碳酸鈣含量而失綠，但由於鐵、錳離子拮抗，故很少同時並發兩種缺素。 缺錳較輕的，不影響生長和結果。但嚴重缺錳會影響光合作用的強度，導致葉少，生長弱或停止生長，以及產量降低。 錳過多時，蘋果樹皮會發生疹狀病；一般在酸性土壤和部分中性土壤中易發生
柑橘	幼葉淡綠色並呈現細小網紋，隨葉片老化而網紋變為深綠色，脈間淺綠色，在主脈和側脈現不規則深色條帶，嚴重時葉脈間現不透明白色斑點，呈灰白色或灰色，病斑枯死，細小枝條死亡。缺錳葉片大小和形狀一般不發生變化
荔枝	葉綠素不易形成，葉片呈現失綠症狀，尤其表現在新葉上，葉間出現壞死斑點，葉脈深綠色肋骨狀，嚴重時會引起植株大量落葉
梨	梨缺錳時，葉脈間失綠，呈淺綠色，雜有斑點，從葉緣向中脈發展。嚴重時脈間變褐，並壞死，葉片全部為黃色。有些果樹的症狀並不限於新梢、幼葉，也可出現在中、上部老葉上。前期失綠與缺鎂相似。缺鎂失綠先從基部葉開始，缺錳失綠則是從中部葉開始，往上下兩個方向擴展。葉片失綠後，沿中脈顯示一條綠帶，缺鎂的比缺錳的寬。嚴重缺錳時，連同葉脈全葉變黃；而缺鎂的葉脈仍為綠色。缺錳後期的葉片症狀與缺鐵症狀很相似，主要區別在新生葉。新生葉不失綠者為缺錳，新生葉失綠者為缺鐵。缺鐵症的葉片是自上而下漸輕，而缺錳則是自上向下漸重。 梨錳過量葉緣失綠，樹幹內皮壞死，表皮粗糙
桃	桃缺錳時新梢生長矮化直至死亡。新梢上部葉片初期葉緣色呈淺綠色，並逐漸擴展至脈間失綠，呈綠色網紋狀；後期僅中脈保持綠色，葉片大部黃化，呈黃白色。缺錳較輕時，葉片一般不萎蔫，嚴重時，葉片葉脈間出現褐色壞死斑，甚至發生早期落葉。 開花少，結果少，果實著色不好，品質差，重者有裂果現象
李	脈間失綠，從葉緣開始，一直擴展到全葉，葉柔軟，失綠現象能發展到全樹

（續）

樹種	可見症狀
梨	缺錳時，葉從邊緣開始失綠，脈間輕微失綠，葉脈綠色。這種症狀在樹上表現比較普遍，但頂梢的葉子仍保持為綠色，頂梢生長量受阻
葡萄	症狀首先表現在幼葉，葉脈間的組織褪綠黃化，最初在主脈和側脈間出現淡綠色至黃色，黃化面積擴大時，大部分葉片在主脈之間失綠，而側脈之間仍保持綠色。與缺鎂黃化症狀不同的是褪綠部分與綠色部分界線不清晰，也不出現變褐枯死現象。嚴重缺錳時，新梢、葉片生長緩慢，果實成熟晚，在紅葡萄品種的果穗中常夾生部分綠色果粒

表 1-4-9　常見果樹缺鐵的專性症狀學

樹種	可見症狀
蘋果	蘋果缺鐵，新梢頂端葉子先變為黃白色，之後向下擴展，但葉片上無斑點。缺鐵的葉子只有主脈和細脈附近保持綠色，其他部分均被漂白，葉子維管系統的網紋組織，在灰黃的底下，呈現鮮明的綠色，有時細脈也會失綠。缺鐵嚴重時，葉子邊緣乾枯，變成褐色而死亡。新梢生長受阻，有時發生梢枯
梨	梨的缺鐵症狀和蘋果相似，最先在新梢頂部的葉片和短枝最嫩的葉脈間開始失綠，而主脈和側脈仍保持綠色。缺鐵嚴重時，葉變成檸檬黃色，再逐漸變白，而且有褐色不規則的壞死斑點。在樹上普遍表現缺鐵症狀時，枝條細，發育不良，節間延長，腋芽不充實，並可能出現梢枯。梨比蘋果更易因石灰過多而導致缺鐵失綠。梨樹缺鐵從幼苗到成齡的各個階段都可發生。 缺鐵與缺錳症狀相似，可根據葉脈的深淺判斷，葉脈深綠則缺錳，其色較淺為缺鐵；新生葉不失綠是缺鐵，新生葉失綠變黃白色為缺錳。缺錳失綠從中部葉片開始，而缺鐵失綠從頂端新葉開始
桃	葉脈間的部分變為淡黃或白色，葉脈仍為綠色，病重時葉脈也變為黃色，葉子會發生褐黃壞死斑，早落。新梢枯死。 新梢節間短，發枝力弱。嚴重缺鐵時，新梢頂端枯死。 新梢頂端的嫩葉變黃，葉脈兩側及下部老葉仍為綠色，後隨新梢長大全樹新梢頂端嫩葉嚴重失綠，葉脈現淡綠色，全葉變為黃白色，並出現褐色壞死斑。一般 6-7 月病情嚴重，新梢中上部葉變小早落或呈光禿狀。7-8 月雨季病情趨緩，新梢頂端可抽出少量失綠新葉。花芽不飽滿。果實品質變差，產量下降。數年後樹冠稀疏，樹勢衰弱，致全樹死亡

（續）

樹種	可見症狀
柑橘	一般嫩梢的葉片變薄黃化，呈淡綠至黃白色，葉脈綠色，在黃化葉片上出現清晰的綠色網紋，尤以小枝頂端的葉片更為明顯。病株枝條纖弱，幼枝葉片容易脫落，常僅存稀疏的葉片。小枝葉片脫落後，下部較大的枝上才長出正常的枝葉，但頂枝陸續死亡。發病嚴重時全株葉片均變為橙黃色（溫州蜜柑、橙類表現更明顯），此時結果很少，易出現畸形果，果皮發黃，汁少味淡
荔枝	新梢葉失綠似漂白。同一枝梢上葉的症狀自上而下加重；葉脈綠色，且與葉肉界線清晰呈網狀花紋。一般是嫩葉失綠，逐步擴展到老葉，最後頂枯
龍眼	引起黃葉病，白色增強，不發生壞死，頂端幼葉缺綠，心葉白化
草莓	草莓缺鐵普遍發生在夏秋季，新葉葉肉褪綠變黃，無光澤，葉脈及葉脈邊緣失綠（脈間失綠），葉小、薄。嚴重的變為蒼白色，葉緣灰褐色枯死
葡萄	葡萄缺鐵時根系發育不良，新梢生長明顯減少，花穗及穗軸變為淺黃色，坐果少。易落花落果，坐果率低，果實色淺、粒小，基部果實發育不良。 葉的症狀最初出現在迅速展開的幼葉，葉脈間黃化，葉呈鮮黃色，具綠色脈網，也包括很少的葉脈。當缺鐵嚴重時，更多的葉面變黃，甚至變白色。葉片嚴重褪綠部位常變褐色和壞死。與缺鎂失綠所不同的是，缺鐵失綠首先表現在新葉上

表1-4-10　常見果樹缺銅的專性症狀學

樹種	可見症狀
蘋果	缺銅時，頂梢在旺盛生長以後開始梢枯，其葉片出現壞死斑和褐色區域，接著枝條頂端死亡、凋萎，翌年在死亡的生長點下面又長出枝條，然後接著梢枯，如此反覆幾年以後，使樹形成叢狀，生長受阻
梨	缺銅時，頂梢上的葉及當年生枝從生長點附近凋萎死亡，第二年，從枯死部分下面長出一個或更多的枝條，開始尚能正常生長，但以後，又發生梢枯。缺銅嚴重的，枝條生長受阻，葉小，不結果，而且由於反覆的梢枯和長出新的枝條，形成刷子一樣的鬼帚

果樹科學施肥技術手冊

（續）

樹種	可見症狀
桃	缺銅的第一個症狀就是具有不正常的暗綠色葉子。缺銅嚴重時，葉子在細脈間成為黃綠色，如同在白綠底色上的綠色網紋。尖端的葉子畸形，窄而長，邊緣不規則，頂梢從尖端開始枯死，頂部生長停止，頂梢上形成簇狀葉，並有很多不定芽開始生長
杏	頂梢從尖端梢枯，生長停止，頂梢上生成簇狀葉，並有許多芽萌發生長
柑橘	葉片大，顏色呈現深綠色，有的葉形不規則，主脈彎曲，腋芽容易枯死，在樹枝上出現不規則的凸起，凸起的皮層中充滿膠狀物，膠狀物呈現淡黃色、紅色、褐色，最後到黑色。新梢萌發纖弱短小，節間縮短，葉片有時扭曲。 柑橘缺銅幼葉先表現明顯症狀，幼枝長而軟弱。上部扭曲下垂或呈 S 形，之後頂端枯死。嫩葉變大，呈深綠色，葉面凹凸不平，葉脈彎曲呈弓形，之後老葉亦較大而呈深綠色，略呈畸形。嚴重缺銅時，從病枝一處能長出許多柔嫩細枝，形成叢枝，長至數釐米，從頂端向下枯死，果實常晚於枝條表現症狀。輕度缺銅時果面只生出許多大小不一的褐色斑點，後斑點變為黑色。嚴重缺銅時，病樹不結果，或結的果小，顯著畸形，淡黃色。果皮光滑增厚，幼果常縱裂或橫裂而脫落，其果皮和中軸以及嫩枝有流膠現象。缺銅特別嚴重時，病株呈枯死狀態，大枝上萌發特大而軟弱的嫩枝，這些嫩枝很快又表現上述症狀。根群大量死亡，有的出現流膠
荔枝	葉片缺乏緊張度、失綠，生長顯著減緩，幼葉褪綠畸形並葉尖頂枯，樹皮開裂，有膠狀物流出，呈水疱狀。葉片捲曲，嫩葉死亡
龍眼	頂端枯萎，裂果，節間縮短，花色發生褪色，可以引起枯枝病
芒果	嫩葉和中部葉片從葉尖開始失去緊張度，逐漸擴展到葉基，葉尖開始乾枯，葉尖和葉緣出現壞死斑點，葉片內捲，葉尖常形成鉤狀，節間縮短，莖生長幾乎停止，稍後，主莖萎縮，產生許多腋芽，形成腋枝，腋枝上的葉片小且失綠
李	早春生長正常，但盛花兩個月後，頂芽死亡，頂葉變黃，樹皮上出現斑疹及膠狀物

表 1-4-11　常見果樹缺鉬的專性症狀學

樹種	可見症狀
蘋果	生長早期缺鉬，葉片小，葉片失綠，與缺氮相似。但缺鉬多發生在枝條中部的葉片，並向上擴展；而缺氮是由下向上逐漸變黃。葉片產生黃化斑。嚴重時，葉緣呈褐色枯焦狀，並向下捲曲

32

（續）

樹種	可見症狀
李	葉子的發育萎縮，有零散的花斑、畸形，葉尖焦枯，邊上呈灰褐色
柑橘	缺鉬新梢成熟葉片出現近圓形或橢圓形黃色或鮮黃色斑塊，葉斑背面呈棕褐色，並可能流膠形成褐色樹脂；葉正面病斑光滑，背面病斑稍微腫起，且布滿膠質；最初在早春葉片上出現水漬狀，隨後發展成較大的脈間黃斑，葉片背面流膠形成膠斑，膠斑可能隨即變黑，有時葉尖和葉緣枯死，嚴重時大量落葉
荔枝	植株體內硝態氮大量積累而產生毒害，會減少維他命C的含量，呼吸強度降低，抗逆性能下降

表 1-4-12 常見果樹缺硫的專性症狀學

樹種	可見症狀
蘋果	果樹缺硫表現為新葉失綠，極易與缺氮症狀混淆，與缺氮不同的是，缺硫是從新葉開始。新梢葉全葉發黃，隨後枝梢也發黃，葉片變小，病葉提前脫落，而老葉仍保持綠色，形成明顯的對比。在一般情況下，患病葉主脈較其他部位稍黃，尤以主脈基部和翼葉部位更黃，並易脫落，抽生的新梢纖細，多呈叢生狀。
桃	缺硫是從新葉開始，新梢葉全葉發黃，隨後枝梢也發黃，葉片變小，病葉提前脫落，而老葉仍保持綠色，形成明顯的對比。在一般情況下，患病葉主脈較其他部位稍黃，尤以主脈基部和翼葉部位更黃，並易脫落，抽生的新梢纖細，多呈叢生狀
草莓	草莓缺硫與缺氮症狀差別很小，缺硫時葉片均勻地由綠色轉為淡綠色，最終成為黃色。缺氮時，較老的葉片和葉柄發展為微黃色，而較小的葉片實際上隨著缺氮的加強而呈現綠色。相反地，缺硫的植株所有葉片都趨向於一直保持黃色
柑橘	柑橘缺硫時新梢葉全葉發黃，隨後枝梢也發黃，葉片變小，病葉提前脫落，而老葉仍保持綠色，形成明顯對比。在一般情況下，患病葉主脈較其他部位稍黃，尤以主脈基部和翼葉部位更黃，並易脫落，抽生的新梢纖細，多呈叢生狀。柑橘缺硫還出現汁囊膠質化，橘瓣硬化

第二章　有機肥料與果園土壤培肥

　　有機肥是果園中不可或缺的肥料，在提升果園土壤有機質、改善土壤理化性質、提供中微量元素方面均有重要意義。本章第一節重點介紹果園常見的有機肥。果園立地條件差，土壤有機質含量低是限制果業高品質發展的難題之一。有機肥是果園土壤有機質的主要來源，大量投入有機肥是快速提升果園土壤有機質的唯一手段。商品有機肥在使用過程中，考慮到成本投入問題一般推薦用量相對較少，對於土壤有機質的提升效果不顯著；而傳統有機肥常具有腐熟不徹底、病菌多等缺點。因此，本章第二節和第三節分別介紹了有機肥就地堆肥技術和果園土壤有機質快速提升技術，希望對果農朋友們有所幫助。

第一節　有　機　肥

　　本節將果園中使用的有機肥分為商品類有機肥和有機肥兩大類進行介紹。商品類有機肥是由企業根據相關標準生產的肥料產品，本節將重點講述。有機肥則是由生產生活過程中具有肥料功能的各類有機廢棄物堆制而成。

一、商品類有機肥

　　商品類有機肥主要包括有機肥料、農用微生物菌劑、生物有機肥和複合微生物肥。其中，農用微生物菌劑、生物有機肥、複合微生物肥三類均含有微生物，又稱為微生物肥料。

1. 商品類有機肥類型及簡要介紹

（1）有機肥料　以畜禽糞便、農作物稭稈、動植物殘體等來源於動植物的有機廢棄物為原料，透過工廠化的前處理、主發酵、後發酵、後處理、脫臭等堆肥工藝流程，嚴格執行法律規範品質標準生產的產品。目前，用於製作商品有機肥的原料主要有以下幾種：一是自然界的有機物，如森林枯枝落葉；二是農作物廢棄物，如綠肥、作物稭稈、豆粕、棉粕、食用菌菌渣；三是畜禽糞便，如雞鴨糞、豬糞、牛羊糞、馬糞、兔糞等；四是工業廢棄物，如酒糟、醋糟、木薯渣、糖渣、糠醛渣發酵過濾物質；五是生活垃圾，如餐廚垃圾等。這些原料經過無害化處理以後，生產的商品有機肥都可以用於果園施肥。

（2）微生物肥料　又稱生物肥料，是一類含有特定微生物活體的製品，應用於農業生產，透過其中所含微生物的生命活動，增加植物養分的供應量或促進植物生長，提高產量，改善農產品品質及農業生態環境。

①農用微生物菌劑是一種或一種以上的目的微生物，經工業化生產增殖後直接使用，或經濃縮製成活菌製品，包括單一菌劑、複合菌劑。根據產品形態可分為液劑、粉劑和顆粒劑三種劑型；根據菌種組成可分為單一菌劑和複合菌劑；根據菌種種類可分為細菌菌劑、真菌菌劑和放線菌菌劑；根據菌種功能類型又可以分為固氮菌菌劑、根瘤菌菌劑、解磷菌菌劑、矽酸鹽細菌菌劑、光合細菌菌劑、促生菌劑、有機物料腐熟劑、菌根菌劑、生物修復菌劑等9種類型。

②生物有機肥指特定功能微生物與主要以動植物殘體（如畜禽糞便、農作物稭稈等）為來源並經無害化處理、腐熟的有機物料複合而成的一類兼具微生物肥料和有機肥料效應的肥料。生物有機肥生產過程中一般有兩個環節涉及微生物的使用，一是在腐熟過程中加入促進物料分解、腐熟兼具除臭功能的腐熟菌劑，其多由複合菌系組成，常見菌種有光合細菌、乳酸菌、酵母菌、放線菌、青黴、

木黴、根黴等；二是在物料腐熟後加入功能菌，一般以固氮菌、溶磷菌、矽酸鹽細菌、乳酸菌、假單胞菌、芽孢桿菌、放線菌等為主，在產品中發揮特定的肥料效應。

③複合微生物肥料指由特定微生物與營養物質複合而成，能提供、保持或改善植物營養，提高農產品產量或改善農產品品質的活體微生物製品。主要分為以下兩種類型：

兩種或兩種以上微生物複合的微生物肥料，可以是同一種微生物的不同菌株複合，也可以是不同種微生物的複合。

微生物與各營養元素或添加物、增效劑的複合的微生物肥料。在充分考慮複合物的用量、複合劑中 pH 和鹽離子濃度對微生物的影響的前提下，可採用在菌劑中添加一定量的大量營養元素、微量營養元素、稀土元素、植物生長雌激素等進行複合微生物肥料的生產。

二、傳統有機肥

傳統有機肥來源廣泛，主要分為糞尿類、堆漚肥類、稭稈類、綠肥、土雜肥、餅肥、海肥、腐殖酸類、農用城鎮廢棄物類 9 類。其中詳述了各種有機肥的特點、養分含量、施用方法等，本書不再贅述。

第二節　就地堆肥技術

傳統有機肥常具有發酵不徹底，病原、雜草種子多，臭味大等缺點。本節介紹的就地堆肥技術，借鑑了商品有機肥的堆肥工藝，使傳統有機肥轉化成為安全、高效的堆肥產品，適合對提升土壤有機質、培肥土壤有迫切需要的果園。

一、就地堆肥技術

堆肥，是指在人工控制下，在一定的水分、碳氮比（C/N）和通風條件下透過微生物的發酵作用，將廢棄有機物轉變為肥料的過

程。堆肥過程中，有機物由不穩定狀態轉變為穩定的腐殖質，其堆肥產品不含病原、雜草種子，而且無臭無蠅，可以安全保存，是一種良好的土壤改良劑和有機肥料。

1. 堆肥場地選擇

與化肥相比，堆肥具有施用量大，不方便施用等特點，且堆肥過程中的肥堆因體積大，有異味等缺點，對運輸和堆放提出了更高的要求。因此，堆肥地點應選擇在離原料地或者施用地距離相對較近的地方，以節約運輸成本。另外，堆肥過程中異味基本上不可避免，堆肥地點應盡量避開人群聚集區和人流較多的地方，同時考慮當地盛行風向，盡可能降低影響。

堆肥場地的面積根據生產需要確定，盡可能選擇寬敞、便於開展機械操作的場地。堆肥場地應進行夯實和平整，並具有良好的排水條件。對於常年進行堆肥的堆肥場地，建議加蓋避雨棚或牆體，以減少大風、雨雪、光照等天氣因素對堆肥過程的影響。

2. 堆肥原料的選擇

堆肥的主要原料為各類畜禽糞便，質量比應占到 80% 左右；可以採用各類作物稭稈作為主要輔料，也可以採用農產品加工副產物或者養殖場墊料。常年進行堆肥的園主盡可能選擇來源廣泛和穩定的堆肥原料。相對來講，同一類型和來源的原料養分含量、C/N 等參數相對穩定。每年各類原料配比可以相對保持一致，保證堆肥效果的穩定性。表 2-2-1 為堆肥常用原料的養分含量，僅供參考。來源不同的有機物料，尤其是各類畜禽糞便，養分含量差異巨大，因此有測試條件的盡可能測試其中的養分含量後使用。

表 2-2-1　不同堆肥原料中養分含量（黃紹文 等，2017）

有機物料	N（%）	P_2O_5（%）	K_2O（%）
豬糞	0.55	0.56	0.35
牛糞	0.38	0.22	0.28
馬糞	0.44	0.31	0.46
羊糞	1.01	0.50	0.64

（續）

有機物料	N（%）	P$_2$O$_5$（%）	K$_2$O（%）
小麥稭稈	0.75	0.13	1.26
大豆稭稈	1.13	0.17	0.92
玉米稭稈	0.86	0.23	0.87
水稻稭稈	0.88	0.15	1.92
菌渣	0.89	0.21	0.83

3. 堆肥原料處理

（1）堆肥原料粒徑處理　對於稭稈類等較大的原料應使用粉碎設備將原料粉碎成 0.5～1cm 的長度，對於本身較碎、容易結塊的原料可以與長度適宜的乾物料混合，調整至適合粒度。主料和輔料質量比大致為 4∶1。

（2）原料水分處理　原料混合後最佳初始含水量為 50%～60%，過高和過低都會影響發酵進程。如果混合後含水量過高，可以選擇添加乾物料調節含水量，也可以進行晾晒以減少水分。混合後含水量過低時，採用潑灑或者噴水的方式，同時配合機械翻拋均勻，提高水分含量。

一般來講，畜禽糞便類的原料含水量經常較高，輔料盡可能選擇乾料用於調節堆肥整體含水量。對於原料初始含水量的確定，可以將原料混合後取樣測定，也可以透過分別測定主料水分含量和輔料水分含量後計算得出。混合原料初始含水量＝（主料水分含量＋輔料水分含量）/（主料質量＋輔料質量）。也可以根據經驗初步估測原料含水量，含水量在 60% 左右的時候，原料的狀態是用手緊握原料成團且沒有明顯的水分從指縫流出，鬆開手不鬆散，原料團落地後散開；如果用手緊握時指縫有明顯的水分出現，則水分含量應超過了 70%；如果緊握不能成團，則含水量可能在 50% 以下。

（3）原料 C/N 處理　堆體初始 C/N 在（20～40）∶1 時即可保證發酵的正常進行，最佳 C/N 為 25∶1。堆肥材料的 C/N 直接影響微生物的活性，微生物對堆肥原料的好氧分解是影響堆肥腐熟

程度的關鍵。下表列舉了部分堆肥原料的碳氮比，僅供參考。一般來講，稭稈類的C/N相對穩定，而來源不同的畜禽糞便的堆肥C/N差異較大，進行測試後方可確定（表2-2-2）。

表2-2-2 不同堆肥原料中碳、氮含量

成分	碳（％）	氮（％）	C/N
麥稭	46.5	0.48	96.9
稻殼	41.6	0.64	65.0
花生殼	44.22	1.47	30.1
羊糞	16.0	0.55	29.1
金針菇菌棒	51	1.8	28.3
乳牛糞	31.8	1.33	23.9
木薯渣	24.4	1.77	13.8
沼渣	27.74	2.08	13.3
豬糞	25.0	2.00	12.5
雞糞	30.0	3.00	10.0
豆餅	45.4	6.71	6.8

原料混合後的C/N可以透過取混合樣測試確定，也可以用原料的C/N進行計算。原料混合後的C/N＝（主料全碳含量＋輔料全碳含量）/（主料全氮含量＋輔料全氮含量）。如果混合後的物料C/N高，即堆體碳高氮低，則可以添加C/N低的物料（畜禽糞便）或者直接噴灑化學氮肥控制。如果混合後的物料C/N低，即堆體碳低氮高，則可以添加C/N高的物料（稭稈類輔料）提高。添加物料的具體數量可以根據堆體C/N及添加物料的C/N進行估算。

4. 堆體製作和微生物接種

原料粒徑、含水量、C/N均調節到適宜範圍後，使用鏟車對原料進行堆堆，堆堆的高度要保持在1.5m左右，寬度可以參考翻拋機的作業寬度。

原料混合完畢後進行微生物接種。菌劑可以在網路上進行購買，優先選擇複合微生物菌劑。菌劑的使用量參考產品使用說明（一般

為物料重量的 1/1 000)。按照比例（1∶1）用水稀釋後均勻噴灑於堆堆表面。噴灑後，即刻用翻拋機翻拋堆肥堆。菌劑購買時選擇通過標準化生產和安全評價的菌種或經政府部門登記的菌劑產品。

5. 堆肥過程控制

接種菌劑完成後，堆肥過程就正式開始了。在這個過程中，要控制堆體含水量、溫度、透氣性以保證堆肥效果。

（1）堆肥過程水分控制　堆肥原料混合後最佳初始含水量一般控制在 50%～60%，由於外界溫濕度等環境因素和不同物料理化性質等影響因素，不同地域、不同季節、不同原料的堆肥發酵適宜初始含水量也不同。堆肥初期可以透過觀察堆堆溫度確定堆堆含水量是否合適。堆體在合適的含水量時，會迅速升溫，3d 左右即可達到 50～65℃。若堆體不升溫，則堆體可能含水量過低，若堆體升溫緩慢，則堆體可能含水量過高。堆體水分不合適時按照堆肥原料水分調節方法進行調節。

可以使用專用溫度計進行堆堆溫度的觀察，測溫點的選擇應具有代表性，見圖 2-2-1。

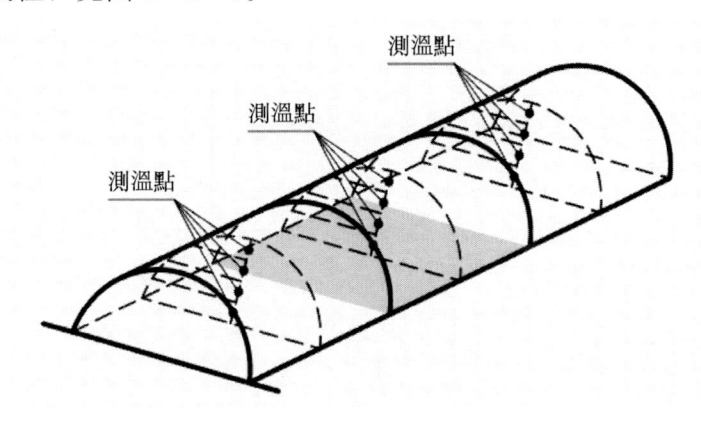

圖 2-2-1　堆堆測溫點設置

（2）堆肥過程溫度控制　一般情況下，堆肥的溫度變化可以作為堆肥過程（階段）的評價指標。根據溫度的變化，堆肥過程可以劃分為四個階段：中溫階段、高溫階段、冷卻階段、熟化階段。中溫階段（15～45℃）持續 3d 左右，溫度升至 40℃以上進入高溫階

段。高溫階段最適宜的溫度為55～60℃，極限溫度可達80℃左右。堆體高溫階段維持時間一般為5～10d，此階段可將大部分病原、蟲卵、雜草種子殺死，實現畜禽糞便的無害化處理。高溫階段結束後進入冷卻階段，溫度在40℃以下，最後進入熟化階段。整個過程持續時間為30～40d。堆肥過程的高溫階段是堆肥成功的關鍵，高溫階段時間過長或過短都需要對配方進行調整（圖2-2-2）。

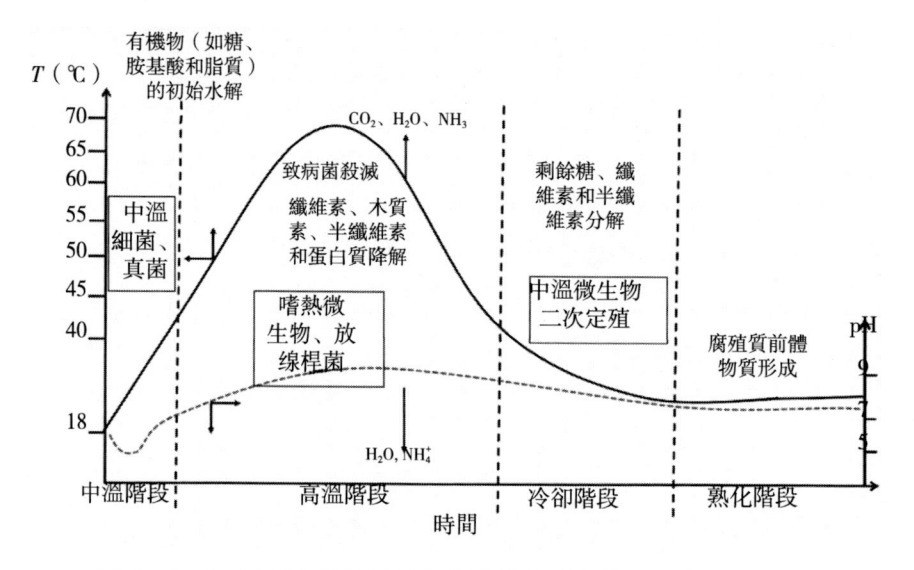

圖2-2-2 堆肥中溫階段至熟化過程主要成分、溫度、pH變化

（3）堆肥過程透氣性控制 好氧發酵過程需要氧氣參與，所以整個發酵期需採用翻拋機對堆體進行4～8次翻攪，增加堆體透氣性，保證有足夠的氧氣參與發酵過程。翻拋頻率為3～5d 1次，高溫階段，溫度過高時可以增加翻拋頻率適當降溫。

（4）堆肥過程氣味鑑別 可以根據堆肥過程中出現的不同氣味判斷堆肥過程出現的問題。如果出現氨的氣味，說明堆肥原料可能C/N過低，可以添加稭稈、鋸末、木屑等物質作為碳源；如果出現霉味，可能是堆體太潮濕，此時應加入乾物料；如果出現惡臭味，可能是堆體出現局部厭氧發酵的情況，需要對堆體進行翻攪。

（5）堆肥過程顏色辨別 堆肥顏色的變化可以用來判斷堆肥發

酵程度。一般來講，以牛羊糞和稭稈為主的原料粉碎後至未發酵前呈黃褐色，隨著堆肥過程的進行，堆料的顏色逐漸變深，堆肥過程結束後，一般呈現灰褐色。

6. 堆肥合格的指標

堆肥過程完成後，應確認堆肥是否合格，能否達到還田標準。

腐熟度良好的產品，一般具有疏鬆的團粒結構，顆粒直徑小於1.3cm；堆體不再產生臭味，不再大量吸引蚊蠅；整體呈黑褐色；整個堆體溫度接近環境溫度，不再升高。正常呈弱鹼性，pH在8～9，有機質含量大於30%。

為了確保萬無一失，還可以使用堆肥浸提液，開展種子發芽試驗。

第三節 果園土壤有機質快速提升技術

快速培肥果園土壤已經成為越來越多的果園管理者的迫切需要。土壤有機質是土壤肥力的重要指標，提升其含量是果園土壤培肥的主要任務。

理論上講，在一定氣候條件下，土壤有機質的增加速率是非常慢的。雖然可以透過大量施用堆肥提高土壤中有機碳含量，但實際上，基本上不可能在幾年內實現土壤有機質含量的大突破。本節介紹的土壤有機質快速提升技術，嚴格意義上應該稱為土壤中有機碳的快速提升技術，包含了嚴格意義上的土壤有機碳、施入土壤中堆肥殘留的有機碳。這兩部分有機碳對果實的產量和品質均有積極影響，因此，本技術雖然並不嚴謹，但仍可用於指導生產。

果園有機肥的施用以提升土壤有機質含量為主要原則，綜合考慮堆肥礦化速率和有機質提升兩個方面，透過3～5年投入，使果園土壤有機質含量達到並穩定在2%以上，為果園的優質豐產奠定基礎。對於土壤有機質含量不足1%（假設為0.5%）的果園，不要急於求成，先用7年左右時間將土壤有機質含量提到1%，再用

6年左右時間將土壤有機質含量由1％提到2％，後期透過每年施用一定量的堆肥產品，使土壤有機質維持在2％。

（1）土壤有機質含量小於1％的果園（按0.5％計）堆肥推薦用量　果園土壤容重按照$1.4g/cm^3$計算，土層深度按照40cm計算，行內面積和行間面積按照1∶1計算，則1畝*果園需要進行有機質含量提升的土壤質量為185 000kg。

第一階段（第一至四年）：土壤有機質含量由0.5％提升到1％，則需一次性投入有機質的數量約為950kg。堆肥有機質含量按照30％計算，堆肥中有機碳的首年礦化率按照50％計算，後期礦化率按20％計算，一次性投入堆肥的數量約為11 000kg。

第二階段（第五至八年）：土壤有機質含量由1％提升到2％，則需一次性投入有機質的數量為1 850kg，堆肥有機質含量按照30％計算，堆肥中有機碳的首年礦化率按照50％計算，後期礦化率按20％計算，一次性投入堆肥的數量約為21 000kg。

在畜禽糞肥總施用量確定的前提下，有機肥應該連年投入，且逐年增加，具體每年用量可以按照表2-3-1進行施用。

表2-3-1　每畝投入堆肥的數量（kg）

有機質	第一年	第二年	第三年	第四年	第五年	第六年	第七年
<1％	2 000	4 000	6 000	6 000	6 000	4 000	4 000

（2）土壤有機質含量介於1％～2％的果園堆肥推薦用量　可參考以上第二階段用量。有機肥應該連年投入，且逐年增加，具體年用量可以按照表2-3-2進行施用。

表2-3-2　每畝投入堆肥的數量（kg）

有機質	第一年	第二年	第三年	第四年	第五年	第六年
1％～2％	2 000	4 000	4 000	6 000	4 000	1 000

* 畝為非法定計量單位，1畝＝$667m^2$。——編者注

（3）土壤有機質含量超過2%的果園堆肥推薦用量　透過上述施肥投入，果園土壤有機質含量可提升到2%左右。後期堆肥施用主要是保證土壤有機質的含量維持在2%以上。

土壤有機質含量按照2%計算，則土壤中有機質的質量為3 700kg。土壤中有機質的年礦化率按2%計算，則每年應投入的有機質數量約為75kg，（堆肥有機質含量按30%計算，其中有機碳首年礦化率按照50%計算，後期礦化率按照20%計算），則維持有機質含量在2%以上，應投入堆肥的數量約為850kg。

第三章 化學肥料

　　化學肥料和有機肥料各有優缺點。果園中有機肥與化肥合理配施才能取長補短，在實現土壤培肥的同時保證果實的產量和品質。完全避開化學肥料，片面地強調「有機果園」，對果業發展有害無利。必須明確化學肥料本身並不會導致諸如果實品質下降、環境惡化等問題，不合理的施用化學肥料才是產生這些問題的根源。本章將重點介紹果園中常用的化學肥料種類，同時介紹部分知名肥料企業的主推產品和市場上仿冒劣質肥料產品的常見騙術及甄別方法，希望能在廣大果農朋友們選肥用肥時提供借鑑。

第一節　果園常用肥料類型

　　化學肥料可以根據營養元素的種類、水溶性、緩釋性等進行分類。然而，任何一種分類方式已經很難概括所有肥料種類，同時兼顧各類肥料的性質或特點。本節將果園中常用亦屬市場主流的化學肥料分成複合肥、氮肥、磷肥、鉀肥、水溶肥 5 類進行簡單介紹。本文目的在於使果農朋友對化學肥料種類有大致了解，購買肥料時不再不知所措。具體肥料的性質在多種資料中均可查到，本節不再贅述。

一、複合肥

　　嚴格意義上的複合肥是指含有氮、磷、鉀中 2 種及以上元素的肥料，磷酸二銨、磷酸二氫鉀等也屬於複合肥的範疇。此部分我們僅介紹狹義複合肥的概念產品，即一般含有氮、磷、鉀 3 種養分的

產品。按照生產工藝又可分為兩類：化成複合肥，即經過化學反應將氮、磷、鉀養分結合在1種肥料中，包括常規高塔、料漿、胺酸法複合肥；混成複合肥，即純物理混配或造粒，如摻混肥料（BB肥）、有機無機複混肥料。

按照市場常用劃分方法，將複合肥劃分為複合肥料、摻混肥料、有機無機複混肥料、穩定性肥料、控釋肥料五類。

二、氮肥

尿素、硫酸銨、氯化銨、農用碳酸氫銨、聚合物包膜尿素、含腐殖酸尿素、含海藻酸尿素是市場常見氮肥種類，均可直接應用於果業生產。目前，尿素在果園中較為常見，硫銨、氯化銨以及碳銨多應用於複合肥生產環節。農用尿素均具有良好的水溶性，可直接用於果園水肥一體化系統。

三、磷肥

磷酸一銨、磷酸二銨、鈣鎂磷肥、過磷酸鈣是市場常見的磷肥種類。磷酸一銨、磷酸二銨同時可提供一部分氮素。鈣鎂磷肥和過磷酸鈣則在提供磷肥的同時可以為果園提供部分鈣肥，是非常適合果園施用的磷肥產品。

四、鉀肥

農用硫酸鉀、肥料級氯化鉀、硫酸鉀鎂肥、農用硝酸鉀、磷酸二氫鉀是市場常見的鉀肥種類。其中，農用硝酸鉀屬於低氮高鉀類複合元素肥料，適合用作果樹後期膨果肥；硝酸鉀、磷酸二氫鉀等由於其良好的水溶性可作為水溶肥料直接用於水肥一體化系統。

五、水溶肥料

與傳統肥料品種相比，水溶肥料具有明顯的優勢。它是一種可以迅速並完全溶於水的多元複合肥料，容易被作物吸收，吸收利用率相對較高，關鍵是它可以實現水肥一體化。近年來水溶肥料與果園噴滴灌等設施農業結合緊密，逐漸被果農接受和使用。

此外，還有部分肥料由於具有突出的水溶性，也可以直接溶解後用於果園水肥一體化系統。比較常見的有工業級磷酸一銨、農用硝酸銨鈣、尿素-硝銨溶液、肥料級聚磷酸銨等。

第二節　肥料產品選購辨識

近年來化肥市場仿冒劣質產品泛濫，各類產品魚龍混雜，農民朋友們在選肥用肥問題上存在很大困惑。筆者經過走訪調研多家肥料經銷企業，將市面上常見肥料騙術進行了彙總，以期避免大家選購肥料過程中「踩坑」，造成經濟損失。

一、市場常見騙術總結

1. 換名換包裝的套路

銷售商經常為肥料取個三銨、四銨、五銨的名稱，包裝從黑白到彩色，從簡單文字到名人代言，八仙過海，各顯神通，偷換概念誤導農民。

2. 魚目混珠

基層商販為了牟取暴利，推銷有機無機複混肥，總含量挺高，氮、磷、鉀成分卻很低，冒充複混肥，以低廉的價格引誘消費者購買！

3. 冒充高大上

亂標高大上技術支援廣告語，什麼進口奈米磁性劑、活化素、光能素、抗凍因子、防晒因子、長效因子等各種消費者不太懂的高科技詞語，讓消費者誤以為其產品真的會有高科技，從而購買。

4. 無中生有

明明只含氮、磷2種元素，包裝卻標注三大元素，比如「N-P-S：15-15-15 或「N-P-Cl：15-15-15」，二元肥假裝三元肥，黃鼠狼變大灰狼，坑農害農沒商量！

5. 亂貼標籤

什麼全元素、多功能、全營養、全作物、某某作物專用一大堆！一塊錢的東西貼上幾個標籤就價格翻倍了，明明是隻小螞蟻，非得充氣裝大象！

6. 以次充好

明目張膽偷養分，標注氮、磷、鉀含量48％，實際只有24％的含量，商家每出1t假貨，至少可比賣正品多賺幾千，偷減含量賺暴利，柴狗賣出藏獒價！

7. 假借他名虛假宣傳

劣質產品包裝上打著「國家某部推薦產品」、「某檢驗單位認可產品」的幌子，假證假標假質檢，壁虎也能當老虎！

8. 冒充進口貨

本地肥冒充外國品牌，假借進口商標、假標國外技術、謊稱進口原材料，欺騙消費者。

二、購肥選肥小忠告

1. 異常便宜的肥料，十有八九含量不達標，千萬不要買

肥料是需要成本的，稍便宜點可能是經銷管道稍微降低了利潤空間，但突破了成本底線，這樣的產品正規廠商根本無法生產出來。在此告誡廣大農民朋友們，永遠記住「好貨不便宜、便宜無好貨，買的不如賣的精」，特別警惕包治百病的「神仙肥」，肥料包裝上大書「全元素、多功能、全營養」，還有類似「長效、田地六味地黃丸」等誇張的宣傳，都不可靠。

2. 購買肥料選大廠，名牌產品有保障

購買農資要到正規的品牌農資店，要上正規的管道購買。名牌大廠化肥產品品質好，養分含量足，嚴格按照國家標準生產，並明

確標注在包裝上，買得明白，用得放心。有些小廠產品為謀求暴力，誇大肥料功能造神話，宣傳得神乎其神，實際上並沒有明顯作用，往往是「打一槍換一地」，年年換包裝，什麼好賣取什麼名，換湯不換藥，袋裡裝的還是老一套。

3. 買肥料既要算成本帳，更要算收入帳

大廠名牌化肥看似價格貴，但養分配比合理，各種養分協同促進，吸收利用率高，用少量肥就能獲得高產量，節肥且增效，用地養地相結合，農民施用不後悔，年年豐收有保證！

第四章 葉面肥施用技術

通常將在作物根系以外的營養體表面（葉與部分莖表面）施用肥料的措施叫做根外施肥。一般是指將作物所需養分以溶液的形態直接噴施於作物葉片表面，作物透過葉面以滲透擴散方式吸收養分並輸送到作物體內各部位，以滿足作物體生長發育所需，故又稱葉面施肥。可以這樣施用的肥料，稱為葉面肥料。

果園噴施葉面肥常將植物生長調節劑、胺基酸、腐殖酸、海藻酸、糖醇等生物活性物質或殺菌劑及其他一些有益物質與營養元素配合施用。目前，市場所售的葉面肥料產品也是以上述成分混配而成的功能型葉面肥為主。因此，本章在介紹果園常見無機營養性葉面肥料的同時，也簡要介紹一些植物生長調節劑、功能型葉面肥的知識。

第一節 葉面施肥的特點及應用

一、葉面施肥的優勢

葉面施肥相對傳統土壤施肥是最靈活、便捷的施肥方式，是構築現代農業「立體施肥」模式的重要元素。高產、優質、低成本是現代農業的主要目標，要求一切技術措施（包括施肥）經濟易行，現代農業的發展促使葉面施肥逐漸成為生產中一項重要的施肥技術措施。與根部土壤施肥相比，葉面施肥具有一些特殊的優點。

1. 養分吸收快，肥效好

葉片對養分的吸收速率遠大於根部，尿素施入根部土壤後經過4～6d才見效，葉面噴施數小時可達養分吸收高峰，1～2d即能見效；

葉面噴施 2％過磷酸鈣浸提液 5min 後便可轉運到植株各部位，而土壤施用過磷酸鈣 15d 後才能達到此效果。因此，葉面噴施可及時補充果樹養分。

2. 針對性強

可及時矯正或改善果樹缺素症，尤其是微量元素，不受生長中心的控制，可直接作用於噴施部位。

3. 肥料用量少，環境汙染風險小

葉面施肥養分不與土壤接觸，避免了因土壤固定和淋溶等帶來的肥料損失。一般土壤施肥當季氮利用率只有 25％～35％，而葉面施肥在 24 h 內即可吸收 70％以上，肥料用量僅為土壤施肥的 1/10～1/5，使用得當可減少 1/4 左右的土壤施肥用量，從而降低大量施肥而導致的土壤和水源汙染的風險。

4. 施用方法簡便、經濟

果樹葉面施肥基本不受植株高度、密度等的影響，大部分生育期都可進行葉面施肥，尤其是果樹植株長大封壟後不便於根部施肥的時候。葉面施肥不僅養分利用率高、用肥量少，還可與農藥、植物生長調節劑及其他活性物質混合使用，既能提高果樹對養分的吸收效果、增強果樹抗逆性，又可防治病蟲害，從而降低用工成本，減少農業生產投資。

由於上述諸多優點，葉面施肥已成為農業生產中一項不可缺少的技術措施。但其也有一些不足之處，如養分供應量少、有效期短以及部分元素利用效果差等，故葉面施肥不能代替土壤施肥，只是土壤施肥的一種補充。

二、制約葉面施肥效果的兩大因素

葉面施肥為果樹供應營養元素存在明顯的侷限性。首先，葉片表皮的滲透性決定養分從葉片表皮進入組織內部的數量和效率；隨後，營養進入到葉片內部後的生理過程（吸收、儲存和再利用）則決定元素在植物體內的短期或長期的功能。果樹對葉面肥的吸收與利用普遍存在著吸收難、轉運慢兩大問題。

1. 葉面肥吸收難的問題

一般來說，營養元素透過蠟質層和角質層的孔隙、氣孔的孔道從植物葉片表面進入內部。葉表皮細胞外壁上往往覆蓋著由脂肪酸、酯類等疏水性有機物組成的蠟質層和角質層，不利於噴施液在葉片表面滯留和向葉片內部滲透，是養分進入葉片內部最主要的障礙。葉面施肥效果主要由肥料性質與葉片特性兩方面決定，葉片表面濕潤度、肥料濃度等也會透過影響葉表面的物理化學特性和植物體內的生理過程，直接或間接改變養分的吸收效率。研究發現，大量元素一般數小時內可達到葉片內任何部位。中微量元素如鋅、鈣等在噴施 24h 後至多能滲透到葉片內的 $30\mu m$ 處。

> **提示：** 對於許多果樹品種（包括核桃、阿月渾子、蘋果、酪梨、山核桃、澳洲堅果等）而言，在春季噴施葉面肥能達到最大的利用效率，一個原因是果樹早春生殖發育對養分可能有更高的需要，另一個重要原因可能是早春幼葉表面在完全展開之前具有較薄的蠟質層和角質層，對葉面肥具有更強的吸收能力。

2. 養分進入葉片後轉運慢的問題

葉面噴施的養分從葉表面滲透到葉片內部後，其營養功效和生理有效性不僅取決於葉片細胞對養分的吸收能力，而且也與養分向其他部位（果實、幼葉等）的轉運與再利用能力相關。在果樹的研究中，關於葉面噴施的中、微量元素在葉片內部如何被再轉運與再利用等關鍵機理仍知之甚少，且普遍認為中、微量元素的移動性可能與果樹的品種有關。可見，某些元素從果樹葉片噴施部位向外轉運十分有限，嚴重影響了葉面肥的作用效果和施用效率。

三、表面活性劑在葉面噴施技術中的應用

表面活性劑由於具有增溶、乳化、潤濕、助懸以及改變植物葉片結構等特點而廣泛地應用於葉面肥。目前，葉面肥加工和使用的核心內容是如何選用和搭配表面活性劑種類，以便使肥料的有效成分能夠均勻到達靶標表面，形成最有效的劑量轉移，因此，一些高

效、安全、經濟和環境友好的表面活性劑正在興起。

葉面肥中所用的表面活性劑均屬於正吸附型，根據其在水中是否解離以及基團帶電情況，可分為離子型和非離子型；離子型又包括陽離子型、陰離子和兩性離子型，此外還有特種表面活性劑（如有機矽、含氟和天然表面活性劑），當不同的表面活性劑相容性好且具有協同作用時，將其復配可達到更好的植物吸收效果。

> **提示：** 考慮到溶液性質、價格、毒性的高低、降解的難易程度等因素，陽離子型不適用於葉面肥；兩性離子型表面活性劑在低濃度時對葉面肥表面張力的影響沒有陰離子型和非離子型好，因而也不宜用在葉面肥上；葉面肥中的潤濕劑和滲透劑常選用陰離子型和非離子型表面活性劑。陰離子表面活性劑是產量最大、品種最多的一類表面活性劑產品。

四、無人機在葉面噴施技術中的應用

近年來，植保無人機的應用為葉面噴施技術在農業中的應用帶來了新的機遇和挑戰。

與傳統農作方式相比，無人機有更大的優勢。①提高葉面肥噴灑的安全性。避免人與有害物質深度接觸，從源頭解決中毒問題，保護作業人員的身體健康。②工作效率高。目前，市場上的藥肥一體化無人機即大疆 T30 無人機噴灑作業量為 240 畝/h，施肥流量高達 40~50kg/min，藥肥一體化無人機噴灑效率為人工噴灑的 60~100 倍。③節約水肥。利用無人機噴灑葉面肥，葉面肥濃度高，用水量少，且噴灑目標相對準確，從而節約了肥料用量及噴肥時間，明顯降低生產成本。④效果好。無人機具有空中懸停的功能，可以對特殊區域或者單株（樹木）噴灑，作業高度低，飄移少，同時由於下旋氣流而產生的上升氣流可使葉面肥霧滴直接沉積到植物葉片的正反面，吸收效果較好。

無人機在噴施葉面肥方面的應用存在一些急待解決的問題。①續航時間短。目前，市面上無人機大多使用鋰電池，鋰電池續航

時間基本都在10～20min，電池續航時間短，導致無人機需要較多備用電池，不能完成長時間飛行任務，飛行效率低。②載荷量低。傳統人工背負式噴霧器載荷量為15～20kg，果園常用機械帶動的彌霧機或普通噴藥機一般載荷量為500～1 500kg。對於規模化果園，載荷量過低的植保無人機可能並不適用。③肥料使用濃度目前仍不明確，需要進一步試驗研究。相同作業面積下，無人機噴施用水量不超過背負式噴霧器的1/10，與機械帶動的彌霧機用水量更是相差甚遠。因此，要想高效率的達到相同的噴施效果，藥劑濃度應該高於常規噴施方式。提高濃度的同時，還需考慮高濃度肥液對葉片的灼傷問題。④無人機成本過高。無人機好用，但使用、保養成本高，擱置不用容易壞，尤其是電池損耗快。同時，每年的維護費用較高，操作失誤容易導致墜機，增加了無人機在農業作業中的使用成本。⑤專業飛行人員匱乏。隨著無人機的普及，無人機飛手也應運而生，但是專業的無人機飛手並不多，特別是專業的藥肥一體化無人機飛手。專業飛手匱乏導致飛行作業無法實現精準噴灑，難以發揮藥肥一體化無人機優質的作業效果。

第二節　果園葉面施肥技術

　　果樹施肥一般分基肥和追肥，追肥又可分為土壤追施和葉面追施。由於葉面施肥具有簡單易行、用肥量少、肥效快、養分利用率高、效果明顯等特點，還可避免土壤施肥的固定、流失，同時也可補充樹體對水分的需要，並可與防治病蟲害的某些農藥混用，一舉多得，省工省時。因此，葉面施肥是果樹生產上不可忽視的一種施肥措施。葉面施肥可以作為土壤施肥的一種輔助，實現及時、快速地補給植株體營養的目標。生產上，應在土壤施肥的基礎上適時適量地進行葉面施肥。

一、果樹葉面施肥的作用與效益

　　葉面施肥能夠為果樹補充營養，特別是高溫、乾旱、澇害等脅迫或者樹勢較弱等造成根系無法從土壤中正常吸收養分時，葉面施

第四章　葉面肥施用技術

肥能夠有效補充養分。

根據果樹生長發育和品質形成規律，適時適量進行葉面施肥可以有效提高果樹的坐果率，促進或抑制新梢生長，提高產量和改善品質。如蘋果盛花期噴施氮和硼肥可有效提高坐果率和減少縮果病的發生，幼果期噴施氮肥能促進幼果膨大，5～6月噴施磷肥能有效地促進花芽分化，套袋前和摘袋後噴施鈣肥能有效降低蘋果苦痘症的發生率。當微量元素缺乏或潛在缺乏時，適時適量地噴施微量元素可及時、有效地防治微量元素缺素症。

葉面施肥還可以有效防止果樹發生裂果。裂果是果樹的一種生理病害，柑橘、桃、梨、李、杏、櫻桃、枇杷等某些樹種都有裂果現象。裂果後可引起病菌及灰塵汙染，造成落果、果實腐爛，降低產量和品質，嚴重影響商品價值。果樹裂果一般於果實中後期易出現，除品種本身特性外，還由於氣候的變化，引起水分、養料、內源激素的失調。

> **提示：** 一般高溫乾旱後驟雨，裂果將會嚴重發生。因此，防止裂果的根本措施是要解決果樹水分、養分及激素的協調關係，除了選擇抗裂性強的樹種以及相應的科學栽培管理技術外，葉面施肥也是一種行之有效的防治措施。

葉面施肥還可以提高樹體儲藏營養水準。果樹是多年生作物，樹體儲藏營養水準的高低對於翌年春天萌芽、展葉、新梢生長、開花、坐果和幼果膨大非常重要，特別是果樹發育期短的樹種，如櫻桃。秋季落葉前，根系吸收功能下降，此期透過葉面施肥，可以有效延緩葉片衰老，提高葉片製造養分的能力和樹體儲藏營養水準。

> **提示：** 對於北方落葉果樹來說，某些地區冬天降溫較快，常發生葉片未經自然脫落而提前凍死在樹上的現象，此時葉片內的養分無法回流到樹體內部，影響了儲藏營養的積累。這種情況下，我們可以透過提前噴施葉面肥的方式促進葉片的養分回流和自然脫落，從而避免葉片凍死在樹上的情況發生。

二、影響果樹葉面施肥效果的因素

1. 肥液在葉面上存留的時間與數量

只有使足夠量的營養液較長時間地保留在葉面、枝幹或果實上，才能保證其被充分吸收，達到理想的噴施效果。這主要與以下兩個方面有關。

（1）葉片表面的結構特點　果樹的葉片特徵影響噴施液在葉面上的存留時間與數量，如葉片的直立性狀、平滑度以及氣孔的凸起或凹陷、毛狀體的多少、角質層的厚薄等，均會影響肥液在葉面上的存留時間與養分的吸收量。如果葉片表面毛狀體多，常因噴施液水珠被毛狀體支撐而不能直接與葉片表面接觸，使其中的養分難以被葉片吸收。一般葉背面較葉表面氣孔多、角質層薄，並具有疏鬆的海綿組織和大的細胞間隙，有利於養分滲透而被吸收；因幼葉生理機能旺盛，葉面氣孔所占比例較大，所以其吸收強度較老葉大，有利於吸收葉面養分。

（2）噴施液在葉面的噴灑量　噴施液在一定用量範圍內，樹體上的存留量與噴灑量成正比，但超過一定限度後，則會致使噴施液大量流失而引起養分損失。一般噴施液於葉面的最適噴灑量以液體將要從葉片上流下而又未流下（欲滴而未滴狀態）最佳。

2. 肥料的特性

（1）肥料的種類與濃度　不同養分進入葉內的速度有明顯差異。營養物質進入葉片的速度是決定其能否作為葉面肥的重要條件之一。同時，養分溶液的濃度與養分被吸收的速度有關。經研究，多數肥料一般是濃度越高吸收越快，但氯化鎂的吸收與濃度無關。

（2）噴施液的酸鹼度　鹼性溶液有助於陽離子養分（如 K^+、Mg^{2+}、Ca^{2+} 等）的吸收，酸性介質則有助於陰離子養分（如 NO_3^-、$H_2PO_4^-$、HPO_4^{2-} 等）的吸收。

3. 氣候條件

溫度是對葉面施肥影響較大的氣候條件之一。通常在一定溫度範圍內，溫度較高時葉面噴施效果較好，但超過一定限度後，高溫

將抑制養分的葉面吸收。這是因為高溫一方面能促使噴施液濃縮變乾，另一方面易引起葉片氣孔關閉而不利於養分吸收。因此在氣溫較高時，葉面噴施時霧滴不可過小，以免水分迅速蒸發而發生肥害。一般情況下，葉面施肥的適溫範圍為 18～25℃，因此葉面噴施要避開光照強的中午，在半陰無風天進行效果最好，晴天最好選擇無風的上午 10 時前（露水乾後）或下午 4 時後進行。

葉面施肥有效期短，一般僅能維持 12～15d，需連續噴灑 2～3 次以上才可明顯見效，而且長期噴施會影響根系生長，削弱根系的生理功能。只有根據果樹地上部和地下部動態平衡關係，選擇科學合理的施肥技術，才能實現果樹的高產、穩產和優質，並提高果樹對肥料的利用率。

> **提示：** 葉面施肥只能作為土壤施肥的一種輔助措施，以達到及時、快速地補給植株體營養的目的。在生產上，應在土壤施肥的基礎上適時適量地進行葉面施肥。

三、果樹葉面施肥技術要點

1. 確定適宜噴施濃度

噴施濃度要根據樹種、氣候、物候期、肥料的種類而定。在不發生肥害的前提下，可以盡量使用高濃度，最大限度地滿足果樹對養分的需要。但在噴施前必須先做小型試驗，確定能否引起肥害，確認不會引起肥害後，然後再大面積噴施。一般氣溫低、濕度大、葉片老熟時，噴施液對葉片損害輕，噴施濃度可適當加大，反之則應適當將噴施濃度降低。

2. 適時適量噴施

理論上，自果樹展葉開始至葉片停止生長前，都可以進行葉面施肥。但尤以在果樹急需某種營養元素且表現出某些缺素症狀時，噴施該營養元素效果最佳。如一般果樹在花期需硼量較大，此時噴施硼砂或硼酸均能提高坐果率。當葉面積長到一定大小時噴施最

佳，如幼葉對肥液反應敏感，但葉面積太小，接觸面積也小，所以噴施效果就會差些。適時噴施可以在更大程度上發揮葉面噴施效果，盛花期噴磷肥可提高坐果率；鉀肥多在果樹生長中、後期使用，幼果期噴施鉀肥能促進幼果膨大，後期噴施鉀肥（適當配施磷肥）可提高果實含糖量和促進著色；而微量元素一般可在花前、花後噴施。秋季葉面噴肥可延長葉片功能，利用果樹葉片吸收營養元素，蓄積養分，為翌年果樹的花芽分化及生長發育提供養分，確保明年果樹豐產豐收，同時還可以避免肥料過度集中於樹體營養中心而造成果樹徒長。

3. 確定最佳噴施部位

葉面噴施時一般側重噴灑葉背面。不同營養元素在果樹樹體不同部位的移動性和再利用率各不相同，因此噴施部位也有所區別。微量元素在樹體內移動性差，最好直接噴於最需要的器官上，如幼葉、嫩梢、花器或幼果上，硼應噴灑到花朵上才能更好地提高坐果率，鈣噴灑在果實表面可有效防止果實生理性缺鈣或提高果實耐儲性。

4. 選擇適宜肥料品種，防止產生肥害

不同樹種對同一種肥料反應不同，如蘋果噴施尿素效果明顯，而柑橘和葡萄就表現差些。因此，應根據肥料特性和樹種等因素選擇適宜的肥料品種、確定適宜的肥料濃度以及選用適宜的噴施次數，以免產生肥害。另外，噴施肥料種類的具體選擇還要根據樹體的營養狀況和果實的多少而定。

> **提示**：如對結果多、消耗營養多的果樹，可噴施氮肥補充營養，能顯著提高翌年花量，提高果品產量和品質；對旺樹、幼樹、當年產量低或沒產量的果樹，應噴施磷、鉀肥，以促進花芽形成，進而達到早結果、早豐產的目的等。

5. 注意肥料溶液酸鹼度

葉面肥的酸鹼度要適宜，營養元素在不同的酸鹼度條件下，會

呈現出不同的狀態。要發揮肥料的最大效益，必須使其在合適的酸鹼度範圍，一般要求酸鹼度在 5～8，過高或過低，除營養元素的吸收受到影響外，還會對葉片產生危害。

6. 合理混配

進行葉面施肥時，可將 2 種或 2 種以上的葉面肥合理混用，也可將葉面肥和農藥混合噴施，這樣既能節省噴灑的時間和用工，又能獲得較好的增產效果，起到一噴多效的作用。但混噴前，一定要先弄清肥料和農藥的性質，確定不同肥料或與農藥之間混施時不會產生沉澱、肥害或藥害。如果肥料之間性質相反，一個是酸性肥，一個是鹼性肥，絕不可混合噴施。如尿素為中性肥料，可和多種農藥混施。但是各種微量元素葉面肥都是酸性肥，不能與草木灰等鹼性肥料混合；而鋅肥則不能與過磷酸鈣混噴。

> **提示：** 在將不同的肥料或農藥混用前，可先各取少量溶液放入同一容器中，如果沒有產生混濁、沉澱、冒氣泡等現象，表明可以混用，否則便不能混用。混合配置噴施液時，一定要攪拌均勻，現配現用，不能久存。一般先把一種肥料配製成水溶液，再把其他肥料按用量直接加入配置好的肥料溶液中，溶解均勻後進行噴施。另外，在葉面噴施肥液時，適當添加助劑，提高肥液在植物葉片上的黏附力，促進肥料的吸收。

四、果樹葉面施肥常用肥料種類與適宜濃度

1. 營養型葉面肥

本書中第三章第一節中所列出的肥料中水溶肥料以及其他水溶性較好的肥料原則上均可作為營養型葉面肥噴施。根據實踐經驗，一般大量元素的噴施濃度為 0.2%～2.0%，微量元素的噴施濃度通常為 0.1%～0.5%，其中，特別是鋅、銅、鉬的施用濃度應適當降低些。

下面就果園中常用的幾種營養型葉面肥噴施濃度、時期、次數以及注意事項進行詳細闡述。

（1）尿素　尿素是固體氮肥中的中性有機物，在正常使用濃度下一般不會引起細胞質壁分離及其他副作用，也可以被植物很快同化利用，一直被廣泛用作大量元素葉面肥的主要原料。如遇果園氮素等缺乏問題，尿素也可以作為葉面肥單獨噴施，是果樹補充氮素的好肥料。

尿素在果樹生長的整個時期均可施用，對於缺氮的果園隨時可以透過噴施尿素的方式進行補充營養。不同生育期尿素噴施使用濃度不同。在果樹生長季前期（春季）尿素適宜的噴施濃度略低，建議噴施濃度為0.2%～0.3%；生育後期噴施濃度可適當提高至0.3%～0.5%。對於北方落葉果樹，尿素還可以在休眠期和落葉前施用。以蘋果為例，萌芽前樹幹噴施濃度為2%～3%，連續噴施3次，間隔5～7d，可以有效增加儲藏營養；果實採收後到落葉前噴施濃度為1%～10%，連續噴施3～5次，間隔7d左右，可以起到促進樹體養分回流，增加儲藏營養的效果，其他落葉果樹可以參考施用。

提示：尿素與其他肥料配施可以提高養分滲透能力，提高對應養分尤其是微量元素肥料的施用效果。如，在防治缺鐵失綠黃化時，葉面噴施0.3%（硫酸亞鐵尿素）混合液比單噴0.3%硫酸亞鐵溶液的效果要好得多，這是因為尿素以絡合物的形式與Fe^{2+}形成絡合態鐵，提高了植物對鐵的吸收利用率，這種有機絡合鐵肥造價低、運用簡便、可推廣性強，因而得到廣泛應用。尿素還可以配合磷酸二氫鉀、硫酸鋅等多種肥料施用。

另外，將尿素、洗衣粉、清水按4∶1∶400比例混配，攪勻後（俗稱尿洗合劑）用於葉面噴施可防治果樹上的蚜蟲、紅蜘蛛、菜青蟲等害蟲，效果明顯。

（2）磷酸二氫鉀　磷酸二氫鉀是果園最受歡迎的肥料，用以補充樹體磷、鉀養分，促進花芽分化、果實著色、提高果實品質、樹體抗病力。

果樹整個生育期均可噴施磷酸二氫鉀，前期可相對較少，重點

在中後期使用。磷酸二氫鉀噴施適宜濃度為 0.2%～0.4%，間隔 7～10d 噴 1 次，噴施 2～3 次為宜。在確定對果實沒有灼燒的情況下，適當提高濃度，以加強噴施效果。重點噴施時期可以選擇花芽分化期、果實膨大期和著色期。

磷酸二氫鉀和尿素、硼肥及鉬肥、螯合態微肥及農藥等合理混施，可節省勞力，增加肥效與藥效。磷酸二氫鉀可與敵百蟲、擬除蟲菊酯類農藥混合噴施。此外還可與一些生長激素混施，如萘乙酸、矮壯素、多效唑、氯化膽鹼等。

> **提示：** 鹼性產品不宜和磷酸二氫鉀混合使用，如波爾多液、氫氧化銅等。1‰磷酸二氫鉀的水溶液 pH 在 4.6 左右，呈酸性，和鹼性的肥料及農藥混用會發生化學反應，出現絮結、沉澱、變色、發熱、產生氣泡等不正常現象，導致磷酸二氫鉀的功能失效。部分肥料和農藥在溶解於水後會有游離態的鋅離子、銅離子、錳離子、鐵離子等產生，可與磷酸根反應產生沉澱，不可與磷酸二氫鉀混用。諸如此類的產品有硫酸鋅、硫酸亞鐵、硫酸錳、硫酸銅等，糖醇鋅、非絡合態代森錳鋅、殺毒礬、甲霜靈錳鋅、氫氧化銅、鹼式硫酸銅、硫酸銅鈣、波爾多液、氧化亞銅、絡氨銅等。

（3）硝酸鈣、農用硝酸銨鈣 [$5Ca(NO_3)_2 \cdot NH_4NO_3 \cdot 10H_2O$]、氯化鈣、螯合鈣（EDTA-Ca） 鈣素缺乏是果園生產中較為常見的現象，而且果實缺鈣直接影響商品果率，應當給予足夠的重視。蘋果苦痘症、水心病，楊梅、櫻桃、荔枝、龍眼、柑橘和西瓜的裂果，桃、奇異果和芒果的果肉軟化病，草莓的葉焦病等均是由果樹缺鈣引起的。缺鈣常發生在果實和生長旺盛的幼嫩組織，葉面和果面噴鈣是補鈣的有效方法。果樹每年有 3 次需鈣高峰，第一次在幼果期（落花後 20～30d），第二次在果實膨大期，第三次在採果前 20～30d。幼果期補鈣尤為關鍵，此時期噴施鈣肥應該作為果園常規施肥措施。一般需要噴施 3～4 次，每次間隔 7～10d。幼果期可以使用較低濃度，果實膨大期使用較高濃度。

生產中可見的補鈣肥料主要有硝酸鈣、氯化鈣和硝酸銨鈣。由於硝酸鈣屬於易制爆品，購買管道較少，目前果園中補鈣產品以硝酸銨鈣和氯化鈣為主。硝酸鈣的噴施濃度為0.3%～0.5%，四水硝酸鈣噴施濃度宜為0.45%～0.7%，氯化鈣的使用濃度為0.2%～0.3%。硝酸銨鈣的噴施濃度目前可參考的數據很少，建議參考硝酸鈣的濃度噴施（0.3%～0.5%）。螯合鈣一般施用倍數為1 500～2 000倍，即0.05%～0.075%；糖醇螯合鈣一般施用倍數為1 000～1 500倍，即0.025%～0.05%。

> **提示：** 大部分果樹可以噴施氯化鈣（柑橘除外，耐氯能力弱，易遭受毒害）；硝酸鈣和硝酸銨鈣在補鈣的同時，也能補充氮元素，因此相對適合在前期使用，但在轉色期建議用氯化鈣替代硝酸鈣；缺鈣土壤，除根外噴施鈣肥外，更應重視土壤施鈣（硝酸銨鈣）以達到作物根系補鈣的目的；根外噴施鈣肥除噴葉面外，重點噴在果實上；不要在高溫、乾燥或缺水情況下噴施，也不要和其他農藥混合使用（鈣離子可與多種離子產生化學沉澱）。

　　（4）硫酸鎂（$MgSO_4 \cdot 7H_2O$）、螯合鎂（EDTA-Mg）　缺鎂引起的樹葉黃化也是果園中常見的生理性病害。一般情況下，正常生長的果樹無須特意透過土施或噴施的方式補充鎂營養。當果園出現缺鎂引起的黃化現象後，一是透過增施有機肥，以此補充土壤中鎂的含量；二是在發病當年和第二年果樹生育期的前期噴施1%～2%硫酸鎂或1 500～3 000倍的螯合鎂，連續噴3～4次，每次間隔7～10d。硫酸鎂、螯合鎂應於乾燥處存放並且可與多數肥料、農藥混用。

　　（5）硫酸鋅（$ZnSO_4 \cdot 7H_2O$、$ZnSO_4 \cdot H_2O$）　缺鋅會引起小葉病、叢葉病、果形小、果形不整、果粒大小不一、果穗散亂等生理性病害。果樹正常生長的果園無須特意透過土施的方式補充鋅元素。當果樹出現缺鋅症狀時，首先確定是否由土壤有效鋅含量低導致。如果土壤有效鋅含量偏低（土壤有效磷含量高或者高pH等因素會導致土壤中鋅的有效性下降），在增施有機肥的同時，可以

每畝施用1kg硫酸鋅（$ZnSO_4·7H_2O$），同時在關鍵時期噴施硫酸鋅或市售葉面鋅肥。

北方落葉果樹，萌芽前和落葉後可噴施2％的硫酸鋅（$ZnSO_4·7H_2O$，如果是$ZnSO_4·H_2O$，質量濃度可調整為1％～1.5％）；萌芽後的落葉果樹和常綠果樹$ZnSO_4·7H_2O$的噴施濃度為0.3％左右。每個時期連續噴施3次以上，每次間隔5～7d。硫酸鋅作為葉面肥噴施時，為提高鋅肥效果可配施磷酸二氫鉀或尿素等肥料。

（6）硫酸亞鐵（$FeSO_4·7H_2O$）、螯合鐵（EDTA-Fe）、檸檬酸亞鐵（$C_6H_8FeO_7$）　缺鐵失綠在北方果園較為常見，尤其是土壤呈鹼性的果園。果園發生缺鐵現象一般透過葉面施肥來進行糾正。一般情況下，新梢旺長期缺鐵現象較為常見，螯合鐵的使用濃度為0.1％～0.2％，$FeSO_4·7H_2O$的使用濃度為0.2％～0.5％，檸檬酸亞鐵的使用濃度為0.1％～0.2％，出現症狀後可選擇上述其中的一種，連續噴施3次，每次間隔7d左右。

> **提示：** 由於鐵肥在葉片上不易流動，不能使全葉片復綠，只是噴到肥料溶液處復綠（星斑點狀復綠），因此需要多次噴施，並應噴勻、噴細，葉的正面、反面都要噴到。配製肥料時可加配尿素和表面活性劑，以提高噴施效果。

（7）硼砂（$Na_2B_4O_7·10H_2O$）、硼酸（H_3BO_3）　與果實缺鈣一樣，缺硼也直接影響果園的商品果率，缺硼嚴重的果園會造成果農的重大經濟損失，尤其是乾旱年分缺硼現象易發，應給予足夠重視。「花而不實」、果實畸形（蘋果縮果病）、柑橘石頭果、油橄欖多頭病等均是硼缺乏導致的。

果樹正常生長的果園無須透過土施的方式補充硼營養，但在果樹花期噴施硼肥應作為果園的常規施肥措施。如果果樹出現了缺硼症狀，則應在葉面噴施的同時，透過增施有機肥和硼肥補充土壤中的硼元素。土壤施用硼砂時可以按照每畝果園2kg施用。硼砂或

硼酸的噴施濃度為 0.1%～0.3%，沒有缺素症狀的可以進行低濃度噴施，有明顯症狀的按照高濃度噴施。噴施時期為花期和幼果期，每個時期連續噴施 2 次，間隔 5～7d。

2. 功能型葉面肥

按照本書第三章所陳列的內容，市場所售可以作為功能型葉面肥的主要有含胺基酸水溶肥料（分為大量元素型和微量元素型）、含腐殖酸水溶肥料（分為大量元素型和微量元素型）、含有機質葉面肥料。每一類肥料按劑型又分為固體產品和液體產品兩類。此類肥料商品化種類繁多，使用時應嚴格按照使用說明書施用，同時注意參考上述技術要點。

功能型葉面肥或者水溶肥（市場也有稱之為特肥）是無機營養元素和生物活性物質或其他有益物質混配而成的，肥料產品在提供養分的同時，又能改土、促根、調節作物生長發育。水溶肥或葉面肥產品中常用的功能型有機物質有腐殖酸、肥料用胺基酸、糖蜜發酵液、海藻液、糖醇、甲殼素（甲殼質）、木醋液或竹醋液、植物生長調節劑等。

（1）腐殖酸　有生化黃腐酸和礦物（天然）黃腐酸之分。腐殖酸施入土壤可以改良土壤的物理、化學、生物性質；腐殖酸複雜的分子結構對化學肥料具有調控和增效作用，對作物來講有促根抗逆、增產提質多重功效。

（2）肥料用胺基酸　本身可為植物直接提供有機氮源；進入植物體後可以直接作為植物生長素和生長物質的前體物質發揮直接作用；同時能螯合微量元素，提高其利用效率；對作物抗逆性也有幫助，透過綜合影響提高瓜果類品質。

（3）糖蜜發酵液　一種同時含有腐殖酸、胺基酸、無機養分等營養物質的混合物，對作物生長發育有積極的作用，因此，在改良土壤、增強抗逆性，提高產量和品質方面均有一定作用。

（4）海藻液　海藻及提取物（海藻酸）中含有多種植物生長調節劑（如植物生長素、細胞分裂素、赤黴素、脫落酸、乙烯、甜菜鹼）和海藻酸。海藻酸在螯合微量元素、改良土壤物理化學性質方

面與腐殖酸有類似的功能，同時，海藻酸鉀鹽的利用率也遠高於無機態的鉀肥。由於海藻液中含有活性物質，因此，在促進種子萌發、改善果實品質和增強作物抗逆性方面均有明顯效果。

(5) 糖醇　廣泛存在於植物體內的多羥基化合物，是光合作用的初產物。能夠參與細胞內滲透調節，提高作物抗逆性；有利於中微量元素，特別是鈣、硼在作物體內的運輸，進而促進作物生長，提高產量、改善品質。

(6) 甲殼素（甲殼質）　一種多糖，化學結構與纖維素相似，可以轉化為幾丁聚醣。甲殼素可提高作物抗病性，對於真菌性和細菌性病害均有一定的防治效果，因此也被作為病害抑制劑使用。甲殼素和幾丁聚醣含有豐富的碳、氮元素，還可以調節植物的氮代謝，也可以螯合中微量元素，提高其利用效率。甲殼素是土壤有益微生物的營養源，可以改善土壤中微生物的生態環境，對植物根系有利。

(7) 木醋液或竹醋液　含有鉀、鈣、鎂、鋅、鉻、錳、鐵等礦物質，此外，還含有有機酸類、酚類、醇類、酮類、維他命等天然有機化合物，其發揮作用的機理與前面所述海藻液等類似。

(8) 植物生長調節劑（植物激素）　主要有四類：一是植物生長促進劑，如赤黴素、萘乙酸、吲哚丁酸等；二是植物生長延緩劑或抑制劑，如乙烯利、矮壯素、烯效唑、脫落酸、調環酸鈣等；三是細胞分裂素，如 6-BA、TDZ、赤黴素（GA_4、GA_7）、蕓薹素等；四是系統平衡類，如蕓薹素類、茉莉酸類、促保利素、超氧化物歧化酶等。

> **提示：** 植物生長調節劑與水溶肥料混合噴施時，一定要注意三點：一是調節劑與水溶肥料的 pH 要一致，避免調節劑分解失效；二是配以表面活性劑或螯合劑，保證功效；三是噴施濃度和時間要合適，植物生長調節劑對環境溫度較為敏感，要在適合作物生長的溫度和恰當的濃度下施用。

(9) 生物提取物類　從不同生物體如海藻、蚯蚓、樹木，甚至

甘蔗渣、稭稈發酵料中提取的原液或稀釋液，對作物往往具有較好的提供營養作用和生理調節作用。中國已先後應用柚橙樹乾餾物分離的產物，甘蔗渣發酵產物，海藻和蚯蚓提取物作為葉面肥料施用。也可將化肥養分、其他生長調節劑等與其復配應用。但由於有的產品價格較高，有的肥效不夠穩定，因而產品生命期不長，實際施用面積不大。

另外，市場上還出現了以稀土元素和有益元素為主的葉面肥料，在某些果樹上也有一定的效果，但應用相對較少。

> **提示：** 近十年來，可歸屬於上述幾類葉面肥料的葉面肥商品近千種，實際上已很少有應用單一原料配製的產品。為了同時發揮多種養分與多種成分的作用，減少噴施次數和用工，目前最主流的趨勢是複合型葉面肥料，但作物的葉面營養畢竟是根系營養的補充，故對這類肥料的選用需科學合理，宜結合當地土壤養分條件及作物需肥特點，避免帶來種植收益損失。

第五章 落葉果樹施肥管理方案

第一節 蘋果施肥管理方案

一、果園週年化學養分施入量的確定

結果期樹：蘋果樹形成 1 000kg 經濟產量所需要吸收的 N、P_2O_5、K_2O 的量分別為 3kg、0.8kg、3.2kg。在傳統施肥方式和中等土壤肥力條件下，考慮到肥料利用率及土壤本身供肥量等因素，我們將 1 畝蘋果園每生產 1 000kg 經濟產量所需要補充的化學養分 N、P_2O_5、K_2O 施入量分別定為 8kg、4kg、8kg。在此基礎上，將土壤肥力簡單劃分為低、中、高 3 級，施肥方式設定為傳統施肥和水肥一體化施肥。土壤肥力判斷不明確的情況下，按照中等肥力進行施用（表 5-1-1）。

表 5-1-1 生產 1 000kg 蘋果每畝需要施入的化學養分量

單位：kg

肥力水準/ 有機質含量（SOM）	傳統施肥 N	傳統施肥 P_2O_5	傳統施肥 K_2O	水肥一體化 N	水肥一體化 P_2O_5	水肥一體化 K_2O
低肥力（SOM<1%）	10	5	10	7.5	3.75	7.5
中等肥力（1%<SOM<2%）	8	4	8	6	3	6
高肥力（SOM>2%）	6	3	6	4.5	2.25	4.5

未結果樹：未結果樹及畝產量低於 1 000kg 的果園按照果實畝

產量1 000kg計算氮用量，N、P_2O_5、K_2O按照2：2：1比例施用，即每畝施入化學形態N、P_2O_5、K_2O的量分別為8kg、8kg、4kg。在此基礎上，將土壤肥力簡單劃分為低、中、高3級，施肥方式設定為傳統施肥和水肥一體化施肥。土壤肥力判斷不明確的情況下，按照中等肥力進行施用（表5-1-2）。

表5-1-2 未結果樹每畝需要施入的化學養分量

單位：kg

肥力水準/ 有機質（SOM）	傳統施肥 N	傳統施肥 P_2O_5	傳統施肥 K_2O	水肥一體化 N	水肥一體化 P_2O_5	水肥一體化 K_2O
低肥力（SOM<1%）	10	10	5	7.5	7.5	2.75
中等肥力（1%<SOM<2%）	8	8	4	6	6	3
高肥力（SOM>2%）	6	6	3	4.5	4.5	2.25

二、施肥時期與次數

傳統施肥方式全年分為3個施肥時期，分別為秋季基肥時期（9月中旬至10月上旬）、春季追肥期（套袋前後）、夏季追肥期（7~8月膨果期，早熟品種適當提前），考慮到傳統施肥較為費工費時，每個時期施肥1次。

水肥一體化方式全年分為4個施肥時期，分別為秋季基肥期（9月中旬至10月上旬）、萌芽-開花-幼果期、春梢旺長期、春梢停長-果實膨大期。施肥總量不變的前提下，根據時間段每個時期施用2~3次，每次間隔7d以上。全年施肥次數不少於7次。

三、不同施肥期氮、磷、鉀肥施用比例

結果期蘋果樹需要考慮樹體發育、花芽分化、果實品質形成等諸多因素，需根據各物候期果樹對肥料的需要進行分配（表5-1-3、表5-1-4）。

表 5-1-3　結果期傳統施肥方式氮磷鉀肥施用比例

肥料	秋季基肥時期	春季追肥期	夏季追肥期
氮肥	40%	40%	20%
磷肥	50%	30%	20%
鉀肥	30%	20%	50%

表 5-1-4　結果期水肥一體化方式氮、磷、鉀肥施用比例

肥料	秋季基肥期	萌芽-開花-幼果期	春梢旺長期	春梢停長-果實膨大前期
氮肥	40%	20%	30%	10%
磷肥	30%	15%	25%	30%
鉀肥	30%	10%	25%	35%

未結果期樹肥料在各物候期均勻分配即可。

四、不同施肥期氮、磷、鉀養分施用量

中等肥力條件下，不同施肥期氮、磷、鉀養分施用量見表 5-1-5、表 5-1-6。

表 5-1-5　生產 1 000kg 蘋果傳統施肥方式每畝養分施用量

單位：kg

養分	秋季基肥時期	春季追肥期	夏季追肥期
N	3.2	3.2	1.6
P_2O_5	2	1.2	0.8
K_2O	2.4	1.6	4

表 5-1-6　生產 1 000kg 蘋果水肥一體化方式每畝養分施用量

單位：kg

養分	秋季基肥期	萌芽-開花-幼果期	春梢旺長期	春梢停長-果實膨大期
N	2.4	1.2	1.8	0.6

(續)

養分	秋季基肥期	萌芽-開花-幼果期	春梢旺長期	春梢停長-果實膨大期
P_2O_5	0.9	0.45	0.75	0.9
K_2O	1.8	0.6	1.5	2.1

五、不同施肥期的具體施肥操作

品種、種植模式、管理方式會導致單位面積蘋果產量有較大差異。為方便大家使用，下面列出單位面積（畝）、單位產量（1 000kg）的肥料投入量。具體施用時，可以此為依據進行簡單計算得出施肥量。

1. 傳統施肥方式

（1）秋季基肥期肥料施用方法及用量　寬行密植果園可在樹行一側（隔年在另一側）或者兩側機械開平行溝；稀植果園可在果樹四周開環狀溝或放射溝；溝寬30cm、深40cm左右。也可在樹四周挖4～6個穴，直徑和深度為30～40cm，每年交換位置。施肥時將有機肥與各類化肥一同施入，與土混匀覆蓋後，及時灌水。

表5-1-7提供了本時期生產1 000kg蘋果需要補充的化學肥料用量，也可以每生產1 000kg蘋果施用氮、磷、鉀含量接近24-15-18的複合肥15kg。具體肥料畝用量根據果園產量按倍數計算，施用時按照株行距換算成單株或單行用量進行施用。

表5-1-7　生產1 000kg蘋果秋季基肥期每畝肥料施用量

肥料類型	化學肥料用量（kg）	備注
尿素（N，46%）	3	每畝須配合施用2 000kg優質堆肥或500～1 000kg商品有機肥
15-15-15複合肥	15	
農用硫酸鉀（K_2O，50%）	1	

（2）春季追肥期肥料施用方法及用量　春季肥料施用時開溝方式可參照秋季基肥期，此時肥料類型只有化學肥料，開溝或穴

的深度和寬度可以在20～30cm。各類肥料與土混勻覆蓋後，及時灌水。

表5-1-8提供了本時期生產1 000kg蘋果需要補充的化學肥料用量，也可每生產1 000kg蘋果施用氮、磷、鉀含量接近24-9-12的複合肥15kg。具體肥料畝用量根據果園產量按倍數計算，施用時按照株行距換算成單株或單行用量進行施用。

表5-1-8　生產1 000kg蘋果春季追肥期每畝肥料施用量

肥料類型	化學肥料用量（kg）
硝酸銨鈣（N，15%；Ca，18%）	15
15-15-15複合肥	8
農用硫酸鉀（K_2O，50%）	1

（3）夏季追肥期肥料施用方法及用量　施用方法與春季追肥期相同。

表5-1-9提供了本時期生產1 000kg蘋果需要補充的化學肥料用量，也可每生產1 000kg蘋果施用氮、磷、鉀含量接近12-6-30的複合肥15kg。具體肥料畝用量根據果園產量按倍數計算，施用時按照株行距換算成單株或單行用量進行施用。

表5-1-9　生產1 000kg蘋果夏季追肥期每畝肥料施用量

肥料類型	化學肥料用量（kg）
尿素（N，46%）	2
15-15-15複合肥	5
農用硫酸鉀（K_2O，50%）	6.5

2. 水肥一體化方式

（1）秋季基肥期肥料施用方法及用量　有機肥的施用參照傳統施肥方式開溝施用。化肥的施用透過水肥一體化系統注入。

表5-1-10提供了本時期生產1 000kg蘋果需要補充的化學肥料用量，也可以施用氮、磷、鉀含量接近24-9-18的水溶肥料

10kg。具體肥料畝用量根據果園產量按倍數計算。全部肥料分3～4次施入，每次肥料用量均衡施入或前多後少施入。

表5-1-10　生產1 000kg蘋果秋季基肥期每畝肥料施用量

肥料類型	化學肥料用量(kg)	備注
尿素（N，46%）	3.5	每畝須配合施用2 000 kg 優質堆肥或500～1 000kg 商品有機肥
磷酸一銨（工業級；N，11.5%；P_2O_5，60.5%）	1.5	
硝酸鉀（一等級，晶體；N，13.5%；K_2O，46%）	4.0	

（2）萌芽-開花-幼果期肥料施用方法及用量　化學肥料的施入均透過水肥一體化系統注入。

表5-1-11提供了本時期生產1 000kg蘋果需要補充的化學肥料用量，也可以施用氮、磷、鉀含量接近12-18-24的水溶肥料2.5kg和硝酸銨鈣6.5kg。具體肥料畝用量根據果園產量按倍數計算。全部肥料分2～3次施入，每次肥料用量均衡施入或前少後多施入。

表5-1-11　生產1 000kg蘋果萌芽-開花-幼果期每畝肥料施用量

肥料類型	化學肥料用量（kg）
硝酸銨鈣（N，15%；Ca，18%）	6.5
磷酸一銨（工業級；N，11.5%；P_2O_5，60.5%）	1.0
硝酸鉀（一等級，晶體；N，13.5%；K_2O，46%）	1.5

（3）春梢旺長期肥料施用方法及用量　化學肥料的施入均透過水肥一體化系統注入。

表5-1-12提供了本時期生產1 000kg蘋果需要補充的化學肥料用量，也可以施用氮、磷、鉀含量接近22-10-18的水溶肥料8.5kg。具體肥料畝用量根據果園產量按倍數計算。全部肥料分2～3次施入，每次肥料用量均衡施入或前多後少施入。

表 5-1-12　生產 1 000kg 蘋果春梢旺長期每畝肥料施用量

肥料類型	化學肥料用量（kg）
尿素（N，46%）	2.5
磷酸一銨（工業級；N，11.5%；P_2O_5，60.5%）	1.5
硝酸鉀（一等級，晶體；N，13.5%；K_2O，46%）	3.5

（4）春梢停長-果實膨大期肥料施用方法及用量　化學肥料的施入均透過水肥一體化系統注入。

表 5-1-13 提供了本時期生產 1 000kg 蘋果需要補充的化學肥料用量，也可以施用氮、磷、鉀含量接近 9-13-30 的水溶肥料 7kg。具體肥料畝用量根據果園產量按倍數計算。全部肥料分 3～4 次施入，每次肥料用量均衡施入或前多後少施入。

表 5-1-13　生產 1 000kg 蘋果春梢停長-果實膨大期每畝肥料施用量

肥料類型	化學肥料用量（kg）
尿素（N，46%）	0.2
磷酸一銨（工業級；N，11.5%；P_2O_5，60.5%）	0.3
硝酸鉀（一等級，晶體；N，13.5%；K_2O，46%）	3.5
磷酸二氫鉀（P_2O_5，51.5；K_2O，34.5）	1.5

3. 簡易水肥一體化設施

目前，完善的水肥一體化設施因投入成本、使用技術等問題覆蓋率並不高，果園中使用較多的是僅有灌水系統而無全套注肥系統的設施。同時，考慮到農用尿素有很好的水溶性，農用磷、鉀肥不具備水溶性，氮肥少量多次施用利用率高；水溶肥成本不易被果農接受等問題，給出了氮肥滴灌（微噴灌），磷、鉀肥土施的簡易水肥一體化設施肥料投入方案（氮肥用量按照水肥一體化方式，磷、鉀肥用量按照傳統施肥方式計算）。

（1）秋季基肥期肥料施用方法及用量　化學磷、鉀肥和有機肥的施入參考傳統施肥方式下本時期的具體施肥方法。尿素透過灌溉系統施入，分 2～3 次施入，均衡施入或前多後少施入。

表5-1-14提供了本時期生產1 000kg蘋果需要補充的化學肥料用量。具體肥料畝用量根據果園產量按倍數計算，施用時有機肥和磷、鉀肥按照株行距換算成單株或單行用量進行施用。

表5-1-14　生產1 000kg蘋果秋季基肥期每畝肥料施用量

肥料類型	化學肥料用量(kg)	備注
尿素（N，46%）	3.5	每畝須配合施用2 000kg優質堆肥或500～1 000kg商品有機肥
磷酸二銨（傳統法，N，18%；P_2O_5，46%）	4.5	
農用硫酸鉀（K_2O，50%）	4.8	

（2）春季追肥期肥料施用方法及用量　化學磷、鉀肥的施入參考傳統施肥方式下本時期的具體施肥方法，或撒施於滴灌帶或噴灌帶出水處。硝酸銨鈣透過灌溉系統施入，分3～5次施入，每次間隔7～10d，均衡施入或前少後多施入。

表5-1-15提供了本時期生產1 000kg蘋果需要補充的化學肥料用量。具體肥料畝用量根據果園產量按倍數計算，施用時有機肥和磷、鉀肥按照株行距換算成單株或單行用量進行施用。

表5-1-15　生產1 000kg蘋果春季追肥期每畝肥料施用量

肥料類型	化學肥料用量（kg）
硝酸銨鈣（N，15%；Ca，18%）	17.0
磷酸二銨（傳統法，N，18%；P_2O_5，46%）	2.5
農用硫酸鉀（K_2O，50%）	3.2

（3）夏季追肥期肥料施用方法及用量　化學磷、鉀肥施入參考傳統施肥方式下本時期的具體施肥方法，或撒施於滴灌帶或噴灌帶出水處。尿素透過灌溉系統施入，分3～5次施入，每次間隔7～10d，均衡施入或前多後少施入。

表5-1-16提供了本時期生產1 000kg蘋果需要補充的化學肥料用量。具體肥料畝用量根據果園產量按倍數計算，磷、鉀肥施

用時按照株行距換算成單株或單行用量進行施用。

表 5-1-16 生產 1 000kg 蘋果夏季追肥期每畝肥料施入量

肥料類型	化學肥料用量（kg）
尿素（N，46%）	0.5
磷酸二銨（傳統法，N，18%；P_2O_5，46%）	2.0
農用硫酸鉀（K_2O，50%）	8.0

第二節　梨施肥管理方案

一、果園週年化學養分施入量的確定

結果期樹：梨樹形成 1 000kg 經濟產量所需要吸收的 N、P_2O_5、K_2O 的量分別為 4.7kg、2.3kg、4.8kg。在傳統施用方式和中等土壤肥力條件下，考慮到肥料利用率及土壤本身供肥量等因素，我們將 1 畝梨園每生產 1 000kg 經濟產量所需要補充的化學養分 N、P_2O_5、K_2O 施入量分別定為 10kg、5kg、10kg。在此基礎上，將土壤肥力簡單劃分為低、中、高 3 級，施肥方式設定為傳統施肥和水肥一體化施肥。土壤肥力判斷不明確的情況下，按照中等肥力進行施用（表 5-2-1）。

表 5-2-1 生產 1 000kg 梨每畝需要施入的化學養分量

單位：kg

肥力水準/有機質（SOM）	傳統施肥			水肥一體化		
	N	P_2O_5	K_2O	N	P_2O_5	K_2O
低肥力（SOM<1%）	12.5	6.25	12.5	9	4.5	9
中等肥力（1%<SOM<2%）	10	5	10	7.5	3.75	7.5
高肥力（SOM>2%）	7.5	3.75	7.5	6	3	6

未結果樹：未結果樹及畝產量低於 1 000kg 的果園按照果實畝產量 1 000kg 計算氮用量，N、P_2O_5、K_2O 按照 2∶2∶1 比例施用，即每畝施入化學形態 N、P_2O_5、K_2O 的量分別為 10kg、10kg、5kg。在此基礎上，將土壤肥力簡單劃分為低、中、高 3 級，施肥方式設定為傳統施肥和水肥一體化施肥。土壤肥力判斷不明確的情況下，按照中等肥力進行施用（表 5-2-2）。

表 5-2-2　未結果樹每畝需要施入的化學養分量

單位：kg

肥力水準/ 有機質（SOM）	傳統施肥 N	傳統施肥 P_2O_5	傳統施肥 K_2O	水肥一體化 N	水肥一體化 P_2O_5	水肥一體化 K_2O
低肥力 （SOM＜1%）	12.5	12.5	6.25	9	9	4.5
中等肥力 （1%＜SOM＜2%）	10	10	5	7.5	7.5	3.75
高肥力 （SOM＞2%）	7.5	7.5	3.75	6	6	3

二、施肥時期與次數

傳統施肥方式全年分為 3 個施肥時期，分別為秋季基肥時期（9 月中旬至 10 月上旬）、春季追肥期（幼果期）、夏季追肥期（7~8 月膨果期，早熟品種適當提前），考慮到傳統施肥較為費工費時，每個時期施肥 1 次。

水肥一體化方式全年分為 4 個施肥時期，分別為秋季基肥期（9 月中旬至 10 月上旬）、萌芽-開花-幼果期、春梢旺長期、春梢停長-果實膨大期。施肥總量不變的前提下，根據時間長短每個時期施用 2~3 次，每次間隔 7d 以上。全年施肥次數不少於 7 次。

三、不同施肥期氮、磷、鉀肥施用比例

結果期梨樹需考慮樹體發育、花芽分化、果實品質形成等諸多因素，需根據各物候期果樹對肥料的需要進行分配（表 5-2-3、

表5-2-4）。

表5-2-3 傳統施肥方式氮、磷、鉀肥施用比例

肥料	秋季基肥期	春季追肥期	夏季追肥期
氮肥	40%	40%	20%
磷肥	50%	30%	20%
鉀肥	30%	20%	50%

表5-2-4 水肥一體化方式氮、磷、鉀肥施用比例

肥料	秋季基肥期	萌芽-開花-幼果期	春梢旺長期	春梢停長-果實膨大前期
氮肥	40%	20%	30%	10%
磷肥	30%	15%	25%	30%
鉀肥	30%	10%	25%	35%

未結果期樹肥料在各物候期均勻分配即可。

四、不同施肥期氮、磷、鉀養分施用量

中等肥力條件下，不同施肥期氮、磷、鉀養分施用量見表5-2-5、表5-2-6。

表5-2-5 生產1 000kg梨傳統施肥方式每畝養分施用量

單位：kg

養分	秋季基肥期	春季追肥期	夏季追肥期
N	4	4	2
P_2O_5	2.5	1.5	1
K_2O	3	2	5

表5-2-6 生產1 000kg梨水肥一體化方式每畝養分施用量

單位：kg

養分	秋季基肥期	萌芽-開花-幼果期	春梢旺長期	春梢停長-果實膨大期
N	1.5	2.25	0.75	3

(續)

養分	秋季基肥期	萌芽-開花-幼果期	春梢旺長期	春梢停長-果實膨大期
P_2O_5	0.56	0.94	1.13	1.13
K_2O	0.75	1.875	2.625	2.25

五、不同施肥期具體施肥操作

品種、種植模式、管理方式會導致單位面積梨產量有較大差異。為方便理解，下面列出單位面積（畝）、單位產量（1 000kg）的肥料投入量。具體施用時，可以以此為依據進行簡單計算得出施肥用量。

1. 傳統施肥方式

（1）秋季基肥期肥料施用方法及用量　寬行密植果園可在樹行一側（隔年在另一側）或者兩側機械開平行溝；稀植果園可在果樹四周開環狀溝或放射溝；溝寬30cm、深40cm左右。也可在樹四周挖4～6個穴，直徑和深度為30～40cm，每年交換位置。施肥時將有機肥與各類化肥一同施入，與土混勻覆蓋後，及時灌水。

表5-2-7提供了本時期生產1 000kg梨需要補充的化學肥料用量，也可以每生產1 000kg梨施用氮、磷、鉀含量接近24-15-18的複合肥17kg。具體肥料畝用量根據果園產量按倍數計算，施用時按照株行距換算成單株或單行用量進行施用。

表5-2-7　生產1 000kg梨秋季基肥期每畝肥料施用量

肥料類型	化學肥料用量（kg）	備注
尿素（N, 46%）	3.5	每畝須配合施用2 000kg優質堆肥或500～1 000kg商品有機肥
15-15-15複合肥	16.7	
農用硫酸鉀（K_2O, 50%）	1.0	

（2）春季追肥期肥料施用方法及用量　春季肥料施用時開溝方式可參照秋季基肥期，此時肥料類型只有化學肥料，開溝或穴的

深度和寬度可以在 20～30cm。各類肥料與土混勻覆蓋後，及時灌水。

表 5-2-8 提供了本時期生產 1 000kg 梨需要補充的化學肥料用量，也可每生產 1 000kg 梨施用氮、磷、鉀含量接近 12-18-24 的複合肥 8.5kg 和硝酸銨鈣 20kg。具體肥料畝用量根據果園產量按倍數計算，施用時按照株行距換算成單株或單行用量進行施用。

表 5-2-8　生產 1 000kg 梨春季追肥期每畝肥料施用量

肥料類型	化學肥料用量（kg）
硝酸銨鈣（N，15％；Ca，18％）	16.7
15-15-15 複合肥	10.0
農用硫酸鉀（K_2O，50％）	1.0

（3）夏季追肥期肥料施用方法及用量　施用方法與春季追肥期相同。

表 5-2-9 提供了本時期生產 1 000kg 梨需要補充的化學肥料用量，也可每生產 1 000kg 梨施用氮、磷、鉀含量接近 12-6-30 的複合肥 17kg。具體肥料畝用量根據果園產量按倍數計算，施用時按照株行距換算成單株或單行用量進行施用。

表 5-2-9　生產 1 000kg 梨夏季追肥期每畝肥料施用量

肥料類型	化學肥料用量（kg）
尿素（N，46％）	2.2
15-15-15 複合肥	6.7
農用硫酸鉀（K_2O，50％）	8.0

2. 水肥一體化方式

（1）秋季基肥期肥料投入量及施肥方法　有機肥的施用參照傳統施肥方式開溝施用。化肥的施用透過水肥一體化系統注入。

表 5-2-10 提供了本時期生產 1 000kg 梨需要補充的化學肥料用量，也可以施用氮、磷、鉀含量接近 24-9-18 的水溶肥料

12.5kg。具體肥料畝用量根據果園產量按倍數計算。全部肥料分3～4次施入，每次肥料用量均衡施入或前多後少施入。

表 5-2-10　生產 1 000kg 梨秋季基肥期每畝肥料施用量

肥料類型	化學肥料用量（kg）	備注
尿素（N，46%）	4.62	
磷酸一銨（工業級；N，11.5%；P_2O_5，60.5%）	1.86	每畝須配合施用 2 000kg 優質堆肥或 500～1 000kg 商品有機肥
硝酸鉀（一等級，晶體；N，13.5%；K_2O，46%）	4.89	

（2）萌芽-開花-幼果期肥料施用方法及用量　化學肥料的施入均透過水肥一體化系統注入。

表 5-2-11 提供了本時期生產 1 000kg 梨需要補充的化學肥料用量，也可以施用氮、磷、鉀含量接近 12-18-24 的水溶肥料 3kg 和硝酸銨鈣 7.6kg。具體肥料畝用量根據果園產量按倍數計算。全部肥料分 2～3 次施入，每次肥料用量均衡施入或前少後多施入。

表 5-2-11　生產 1 000kg 梨萌芽-開花-幼果期每畝肥料施用量

肥料類型	化學肥料用量（kg）
硝酸銨鈣（N，15%；Ca，18%）	7.82
磷酸一銨（工業級；N，11.5%；P_2O_5，60.5%）	0.93
硝酸鉀（一等級，晶體；N，13.5%；K_2O，46%）	1.63

（3）春梢旺長期肥料施用方法及用量　化學肥料的施入均透過水肥一體化系統注入。

表 5-2-12 提供了本時期生產 1 000kg 梨需要補充的化學肥料用量，也可以施用氮、磷、鉀含量接近 22-10-18 的水溶肥料 10.3kg。具體肥料畝用量根據果園產量按倍數計算。全部肥料分 2～3 次施入，每次肥料用量均衡施入或前多後少施入。

表 5-2-12　生產 1 000kg 梨春梢旺長期每畝肥料施用量

肥料類型	化學肥料用（kg）
尿素（N，46%）	3.3
磷酸一銨（工業級；N，11.5%；P_2O_5，60.5%）	1.6
硝酸鉀（一等級，晶體；N，13.5%；K_2O，46%）	4.1

（4）春梢停長-果實膨大期肥料施用方法及用量　化學肥料的施入均透過水肥一體化系統注入。

表 5-2-13 提供了本時期生產 1 000kg 梨需要補充的化學肥料原料用量，也可以施用氮、磷、鉀含量接近 9-13-30 的水溶肥料 8.5kg。具體肥料畝用量根據果園產量按倍數計算。全部肥料分 3～4 次施入，每次肥料用量均衡施入或前多後少施入。

表 5-2-13　生產 1 000kg 梨春梢停長-果實膨大期每畝肥料施用量

肥料類型	化學肥料用量（kg）
尿素（N，46%）	0.3
磷酸一銨（工業級；N，11.5%；P_2O_5，60.5%）	0.3
硝酸鉀（一等級，晶體；N，13.5%；K_2O，46%）	4.4
磷酸二氫鉀（P_2O_5，51.5；K_2O，34.5）	1.8

3. 簡易水肥一體化設施

（1）秋季基肥期肥料施用方法及用量　化學磷、鉀肥和有機肥的施入參考傳統施肥方式下本時期的具體施肥方法。尿素透過灌溉系統施入，分 2～3 次施入，均衡施入或前多後少施入。

表 5-2-14 提供了本時期生產 1 000kg 梨需要補充的化學肥料用量。具體肥料畝用量根據果園產量按倍數計算，施用時有機肥和磷、鉀肥按照株行距換算成單株或單行用量進行施用。

表 5-2-14 生產 1 000kg 梨秋季基肥期每畝肥料施用量

肥料類型	化學肥料用量（kg）	備注
尿素（N，46%）	4.4	
磷酸二銨（傳統法，N，18%；P_2O_5，46%）	5.5	每畝須配合施用 2 000 kg 優質堆肥或 500～1 000 kg 商品有機肥
農用硫酸鉀（K_2O，50%）	6.0	

（2）春季追肥期肥料施用方法及用量　化學磷、鉀肥的施入參考傳統施肥方式下本時期的具體施肥方法，或撒施於滴灌帶或噴灌帶出水處。硝酸銨鈣透過灌溉系統施入，分 3～5 次施入，每次間隔 7～10d，均衡施入或前少後多施入。

表 5-2-15 提供了本時期生產 1 000kg 梨需要補充的化學肥料用量。具體肥料畝用量根據果園產量按倍數計算，施用時有機肥和磷、鉀肥按照株行距換算成單株或單行用量進行施用。

表 5-2-15 生產 1 000kg 梨春季追肥期每畝肥料施用量

肥料類型	化學肥料用量（kg）
硝酸銨鈣（N，15%；Ca，18%）	16.1
磷酸二銨（傳統法，N，18%；P_2O_5，46%）	3.3
農用硫酸鉀（K_2O，50%）	4.0

（3）夏季追肥期肥料施用方法及用量　化學磷、鉀肥施入參考傳統施肥方式下本時期的具體施肥方法，或撒施於滴灌帶或噴灌帶出水處。尿素透過灌溉系統施入，分 3～5 次施入，每次間隔 7～10d，均衡施入或前多後少施入。

表 5-2-16 提供了本時期生產 1 000kg 梨需要補充的化學肥料用量。具體肥料畝用量根據果園產量按倍數計算，磷、鉀肥施用時按照株行距換算成單株或單行用量進行施用。

表 5-2-16　生產 1 000kg 梨夏季追肥期每畝肥料施用量（kg）

肥料類型	化學肥料用量（kg）
尿素（N，46%）	1.3
磷酸二銨（傳統法，N，18%；P_2O_5，46%）	2.2
農用硫酸鉀（K_2O，50%）	10.0

第三節　北方葡萄施肥管理方案

一、果園週年化學養分施入量的確定

葡萄形成 1 000kg 經濟產量所需要吸收的 N、P_2O_5、K_2O 的量分別 6kg、3kg、7.2kg。在傳統施肥方式和中等土壤肥力條件下，考慮到肥料利用率及土壤本身供肥量等因素，我們將 1 畝果園每生產 1 000kg 經濟產量的葡萄，所需要補充的化學養分 N、P_2O_5、K_2O 施入量分別定為 10.5kg、6.5kg、13kg。在此基礎上，將土壤肥力簡單劃分為低、中、高 3 級，施肥方式設定為傳統施肥和水肥一體化施肥。土壤肥力判斷不明確的情況下，按照中等肥力進行施用（表 5-3-1）。

表 5-3-1　生產 1 000kg 葡萄每畝需要施入的化學養分量　　單位：kg

肥力水準/ 有機質（SOM）	傳統施肥 N	傳統施肥 P_2O_5	傳統施肥 K_2O	水肥一體化 N	水肥一體化 P_2O_5	水肥一體化 K_2O
低肥力（SOM<1%）	13.0	8.5	16.0	10.5	6.5	13.0
中等肥力（1%<SOM<2%）	10.5	6.5	13.0	8.5	5.0	10.5
高肥力（SOM>2%）	8.0	5.0	10.0	6.5	4.0	8.0

二、施肥時期與次數

傳統施肥方式一般分4次施用，分別為秋季基肥，9月中旬至11月中旬（晚熟品種採果後儘早施用）；催芽肥，翌年4月中旬葡萄出土上架後；膨果肥，6月初果實套袋前後；催熟肥，7月下旬至8月中旬。

水肥一體化方式分5個施肥時期，分別為秋季基肥（9月中旬至11月中旬）、萌芽-開花前（每10d追肥1次，共追3～4次）、開花期（追肥1次）、果實膨大期（10d追肥1次，共追肥9～12次）、著色期（每7d追肥1次）。

三、不同施肥期氮、磷、鉀肥施用比例

結果期葡萄樹需要考慮樹體發育、花芽分化、果實品質形成等諸多因素，需根據各物候期果樹對肥料的需要進行分配（表5-3-2、表5-2-3）。

表5-3-2 傳統施肥方式氮、磷、鉀肥施用比例

肥料	秋季基肥	催芽肥	膨果肥	催熟肥
氮肥	20%	30%	40%	10%
磷肥	20%	20%	40%	20%
鉀肥	10%	10%	20%	60%

表5-3-3 水肥一體化方式氮、磷、鉀肥施用比例

肥料	秋季基肥	萌芽-開花前	開花期	果實膨大期	著色期
氮肥	20%	25%	5%	40%	10%
磷肥	20%	15%	5%	40%	20%
鉀肥	10%	5%	5%	20%	60%

四、不同施肥期氮、磷、鉀養分施用量

中等肥力條件下，不同施肥期氮、磷、鉀養分施用量見表5-3-4、表5-3-5。

表5-3-4　生產1 000kg葡萄傳統施肥方式
每畝養分施用量　　　　　　　　　　　　單位：kg

養分	秋季基肥	催芽肥	膨果肥	催熟肥
N	2.1	3.2	4.2	1.1
P_2O_5	1.3	1.3	2.6	1.3
K_2O	1.3	1.3	2.6	7.8

表5-3-5　生產1 000kg葡萄水肥一體化方式
每畝養分施用量　　　　　　　　　　　　單位：kg

養分	秋季基肥	萌芽-開花前	開花期	果實膨大期	著色期
N	1.68	1.26	0.42	3.36	0.84
P_2O_5	1.04	0.78	0.26	2.08	1.04
K_2O	1.04	0.52	0.52	2.08	6.24

五、不同施肥期具體施肥操作

品種、種植模式、管理方式會導致單位面積葡萄產量有較大差異。為方便大家使用，下面以傳統施肥方式列出單位面積（畝）、單位產量（1 000kg）的肥料投入量。具體施用時，可以此為依據進行簡單計算得出施肥量。

1. 秋季基肥施用方法及用量

秋季肥料施用時：順葡萄園行間，開深、寬均20～35cm的施肥溝，每行開溝或隔行開溝，每年變換開溝位置。施肥時將有機肥與各類化肥一同施入，與土混勻覆蓋後，及時灌水。

表 5-3-6 提供了本時期生產 1 000kg 葡萄需要補充的化學肥料用量，也可以每生產 1 000kg 葡萄施用氮、磷、鉀含量接近 20-13-13 的複合肥 10.5kg。具體肥料畝用量根據果園產量按倍數計算，施用時按照株行距換算成單株或單行用量進行施用。

表 5-3-6　生產 1 000kg 葡萄秋季基肥期每畝肥料施用量

肥料類型	化學肥料用量（kg）	備注
尿素（N，46%）	2	有機肥用量 15～20kg/株，宜作基肥（秋肥或冬肥）施用，應選擇充分腐熟的畜禽糞肥或者堆肥
15-15-15 複合肥	9	

2. 催芽肥施用方法及用量

施用催芽肥時可用開溝方式或挖坑方式，可參照秋季基肥時期施肥方式，此時肥料類型只有化學肥料。各類肥料與土混勻覆蓋後，及時灌水。

表 5-3-7 提供了本時期生產 1 000kg 葡萄需要補充的化學肥料用量，也可以每生產 1 000kg 葡萄施用氮、磷、鉀含量接近 25-10-10 的複合肥 13.0kg。具體肥料畝用量根據果園產量按倍數計算，施用時按照株行距換算成單株或單行用量進行施用。

表 5-3-7　生產 1 000kg 葡萄春季追肥期每畝肥料施用量

肥料類型	化學肥料用量（kg）
硝酸銨鈣（N，15%；Ca，18%）	12
15-15-15 複合肥	9

3. 膨果肥施用方法及用量

施用方法與催芽肥相同。

表 5-3-8 提供了本時期生產 1 000kg 葡萄需要補充的化學肥料用量，也可以每生產 1 000kg 葡萄施用氮、磷、鉀含量接近 20-13-13 的複合肥 21kg。具體肥料畝用量根據果園產量按倍數計算，施用時按照株行距換算成單株或單行用量進行施用。

表 5-3-8　生產 1 000kg 葡萄夏季追肥期每畝肥料施用量

肥料類型	化學肥料用量（kg）
硝酸銨鈣（N，15%；Ca，18%）	10
15-15-15 複合肥	18

4. 催熟肥施用方法及用量

施用方法與催芽肥相同。

表 5-3-9 提供了本時期生產 1 000kg 葡萄需要補充的化學肥料用量，也可以每生產 1 000kg 葡萄施用氮、磷、鉀含量接近 5-6-35 的複合肥 23kg。具體肥料畝用量根據果園產量按倍數計算，施用時按照株行距換算成單株或單行用量進行施用。

表 5-3-9　生產 1 000kg 葡萄夏季追肥期每畝肥料施用量

肥料類型	化學肥料用量（kg）
15-15-15 複合肥	9
農用硫酸鉀（K_2O，50%）	13

設施葡萄栽培模式的葡萄園施肥時期與次數、各施肥期肥料投入比例可參照傳統施肥進行，每個施肥時期的肥料投入量可在傳統施肥的基礎上減量 10%～25%。

第四節　南方葡萄施肥管理方案

一、果園週年化學養分施入量的確定

葡萄形成 1 000kg 經濟產量所需要吸收的 N、P_2O_5、K_2O 的量分別為 6kg、4kg、8kg。在傳統施肥方式和中等土壤肥力條件下，考慮到肥料利用率及土壤本身供肥量等因素，我們將 1 畝果園每生產 1 000kg 經濟產量的葡萄，所需要補充的化學養分 N、P_2O_5、K_2O 施入量分別定為 12kg、8kg、16kg。在此基礎上，將土壤肥力簡單劃分為低、中、高 3 級，施肥方式設定為傳統施肥和水肥一

體化施肥。土壤肥力判斷不明確的情況下，按照中等肥力進行施用（表5-4-1）。

表5-4-1 生產1 000kg葡萄每畝需要施入的化學養分量

單位：kg

肥力水準/ 有機質（SOM）	傳統施肥			水肥一體化		
	N	P_2O_5	K_2O	N	P_2O_5	K_2O
低肥力 （SOM<1%）	15	10	20	11.25	7.5	15
中等肥力 （1%<SOM<2%）	12	8	16	9	6	12
高肥力 （SOM>2%）	9	6	12	6.75	4.5	9

二、施肥時期與次數

傳統施肥方式全年分為5個施肥時期，分別為秋冬季基肥期、萌芽-始花期、花期、膨果-轉色期和上色-成熟期，考慮到傳統施肥較為費工費時，每個時期施肥1次。

水肥一體化方式全年分5個施肥時期，分別為採收-休眠期、萌芽-始花期、花期、末花-轉色期、上色-成熟期。施肥總量不變的前提下，根據時間長短每個時期施用4~5次，每次間隔5~7d。全年施肥次數不少於18~20次。

三、不同施肥期氮、磷、鉀肥施用比例

南方葡萄樹結果期需要考慮樹體發育、花芽分化、果實品質形成等諸多因素，需根據各物候期果樹對肥料的需要進行分配（表5-4-2、表5-4-3）。

表5-4-2 傳統施肥方式氮、磷、鉀肥施用比例

肥料	秋冬季 基肥期	萌芽- 始花期	花期	膨果- 轉色期	上色- 成熟期
氮肥	40%	15%	15%	20%	10%

（續）

肥料	秋冬季基肥期	萌芽-始花期	花期	膨果-轉色期	上色-成熟期
磷肥	40%	20%	15%	20%	5%
鉀肥	15%	15%	10%	40%	20%

表5-4-3　水肥一體化方式氮、磷、鉀肥施用比例

肥料	萌芽-始花期	花期	末花-轉色期	上色-成熟期	採收-休眠期
氮肥	15%	15%	40%	5%	25%
磷肥	15%	30%	20%	5%	30%
鉀肥	15%	10%	50%	10%	15%

四、不同施肥期氮、磷、鉀養分施用量

中等肥力條件下，不同施肥期氮、磷、鉀養分施用量見表5-4-4、表5-4-5。

表5-4-4　生產1 000kg葡萄傳統施肥方式
每畝養分施用量　　　　　　　　單位：kg

養分	秋冬季基肥期	萌芽-始花期	花期	膨果-轉色期	上色-成熟期
N	4.80	1.80	1.80	2.40	1.20
P_2O_5	3.20	1.60	1.20	1.60	0.40
K_2O	2.40	2.40	1.60	6.40	3.20

表5-4-5　生產1 000kg葡萄水肥一體化方式
每畝養分施用量　　　　　　　　單位：kg

養分	萌芽-始花期	花期	末花-轉色期	上色-成熟期	採收-休眠期
N	1.35	1.35	3.60	0.45	2.25

（續）

養分	萌芽-始花期	花期	末花-轉色期	上色-成熟期	採收-休眠期
P_2O_5	0.90	1.80	1.20	0.30	1.80
K_2O	1.80	1.20	6.00	1.20	1.80

五、不同施肥期具體施肥操作

樹齡、目標產量、品種、土壤肥力、氣候、施用方式等會導致單位面積葡萄產量有較大差異。為方便大家使用，下面列出單位面積（畝）、單位產量（1 000kg）的肥料投入量。具體施用時，可以以此為依據進行簡單計算得出。

1. 傳統施肥方式

（1）秋季基肥施用方法及用量　可採用條狀溝施肥，即沿葡萄栽植的行向在距葡萄主根30～40cm處挖一條深30～40cm的溝，將肥料均勻撒入溝內，回填土壤，澆水；也可採用穴狀施肥，在距葡萄植株30～40cm處挖直徑40cm、深40cm的施肥穴，一般每株挖2個，在樹兩邊相對進行，然後施入腐熟好的有機肥，回填土壤。第二年距葡萄植株30～40cm處，與上一年位置錯開挖穴或挖溝施肥。

表5-4-6提供了本時期生產1 000kg葡萄需要補充的化學肥料用量，也可以每生產1 000kg葡萄施用氮、磷、鉀含量接近24-16-12的複合肥20kg。具體肥料畝用量根據葡萄園產量按倍數計算，施用時按照株行距換算成單株或單行用量進行施用。

表5-4-6　生產1 000kg葡萄秋冬季基肥期每畝肥料施用量

肥料類型	化學肥料用量（kg）	備注
尿素（N，46%）	3.48	每畝須配合施用2 000～3 000kg優質堆肥，或5 000～10 000kg草炭土，或500～1 000kg商品有機肥
15-15-15複合肥	21	
農用硫酸鉀（K_2O，50%）	0	

（2）萌芽-始花期肥料施用方法及用量　萌芽-始花期肥料類型主要以化學肥料為主，開溝或挖穴的深度和寬度可以在15～20cm，也可以撒施。各類肥料與土混勻覆蓋後，及時灌水。

表5－4－7提供了本時期生產1 000kg葡萄需要補充的化學肥料用量，也可以每生產1 000kg葡萄施用氮、磷、鉀含量接近18－16－24的複合肥10kg。具體肥料畝用量根據果園產量按倍數計算，施用時按照株行距換算成單株或單行用量進行施用。

表5－4－7　生產1 000kg葡萄萌芽追肥期每畝肥料施用量

肥料類型	化學肥料用量（kg）
硝酸銨鈣（N，15%；Ca，18%）	1.33
15－15－15複合肥	10.67
農用硫酸鉀（K_2O，50%）	1.60

（3）花期肥料施用方法及用量　施用方法與萌芽－始花期相同。

表5－4－8提供了本時期生產1 000kg葡萄需要補充的化學肥料用量，也可以生產每1 000kg葡萄施用氮、磷、鉀含量接近18－12－16的複合肥10kg。具體肥料畝用量根據果園產量按倍數計算，施用時按照株行距換算成單株或單行用量進行施用。

表5－4－8　生產1 000kg葡萄花期每畝肥料施用量

肥料類型	化學肥料用量（kg）
尿素（N，46%）	1.30
15－15－15複合肥	8.00
農用硫酸鉀（K_2O，50%）	0.80

（4）膨果-轉色期肥料施用方法及用量　施用方法與萌芽-始花期相同。

表5－4－9提供了本時期生產1 000kg葡萄需要補充的化學肥

料用量，也可以每生產1 000kg葡萄施用氮、磷、鉀含量接近16－11－40的複合肥15kg。具體肥料畝用量根據果園產量按倍數計算，施用時按照株行距換算成單株或單行用量進行施用。

表5－4－9　生產1 000kg葡萄膨果-轉色期每畝肥料施用量

肥料類型	化學肥料用量（kg）
尿素（N，46%）	1.74
15－15－15複合肥	10.67
農用硫酸鉀（K_2O，50%）	9.6

（5）上色-成熟期肥料施用方法及用量　施用方法與萌芽-始花期相同。

表5－4－10提供了本時期生產1 000kg葡萄需要補充的化學肥料用量，也可以每生產1 000kg葡萄施用氮、磷、鉀含量接近12－5－32的複合肥10kg。具體肥料畝用量根據果園產量按倍數計算，施用時按照株行距換算成單株或單行用量進行施用。

表5－4－10　生產1 000kg葡萄上色-成熟期每畝肥料施用量

肥料類型	化學肥料用量（kg）
尿素（N，46%）	1.30
15－15－15複合肥	2.67
農用硫酸鉀（K_2O，50%）	6.40

2. 水肥一體化方式

（1）採收-休眠期肥料施用方法及用量　有機肥的施用參照傳統施肥方式開溝施用。化肥的施用透過水肥一體化系統注入。

表5－4－11提供了本時期生產1 000kg葡萄需要補充的化學肥料用量，也可以生產1 000kg葡萄施用氮、磷、鉀含量接近23－18－18的複合肥10kg。具體肥料畝用量根據果園產量按倍數計算。全部肥料分2～3次施入，每次肥料用量均衡施入或前多後少施入。

表 5－4－11　生產 1 000kg 葡萄採收-休眠期每畝肥料施用量

肥料類型	化學肥料用量（kg）	備注
尿素（N，46%）	3.00	每畝須配合施用 2 000～3 000 kg 優質堆肥，或 5 000～10 000 kg 草炭土，或 500～1 000kg 商品有機肥
磷酸一銨（工業級；N，11.5%；P_2O_5，60.5%）	2.98	
硝酸鉀（一等級，晶體；N，13.5%；K_2O，46%）	3.91	

（2）萌芽-始花期肥料施用方法及用量　化學肥料的施入均透過水肥一體化系統注入。

表 5－4－12 提供了本時期生產 1 000kg 葡萄需要補充的化學肥料用量，也可以每生產 1 000kg 葡萄施用氮、磷、鉀含量接近 14－9－18 的複合肥 10kg。具體肥料畝用量根據果園產量按倍數計算。全部肥料分 3～4 次施入，每次肥料用量均衡施入或前少後多施入。

表 5－4－12　生產 1 000kg 葡萄萌芽-開花期每畝肥料施用量

肥料類型	化學肥料用量（kg）
硝酸銨鈣（N，15%；Ca，18%）	4.33
磷酸一銨（工業級；N，11.5%；P_2O_5，60.5%）	1.49
硝酸鉀（一等級，晶體；N，13.5%；K_2O，46%）	3.91

（3）花期肥料施用方法及用量　化學肥料的施入均透過水肥一體化系統注入。

表 5－4－13 提供了本時期生產 1 000kg 葡萄需要補充的化學肥料用量，也可以每生產 1 000kg 葡萄施用氮、磷、鉀含量接近 14－18－12 的複合肥 10kg。具體肥料畝用量根據果園產量按倍數計算。全部肥料分 3～4 次施入，每次肥料用量均衡施入或前多後少施入。

表 5－4－13　生產 1 000kg 葡萄花期每畝肥料施用量

肥料類型	化學肥料用量（kg）
尿素（N，46%）	1.43

（續）

肥料類型	化學肥料用量（kg）
磷酸一銨（工業級：N，11.5%；P_2O_5，60.5%）	2.98
硝酸鉀（一等級，晶體；N，13.5%；K_2O，46%）	2.61

（4）末花-轉色期肥料施用方法及用量　化學肥料的施入均透過水肥一體化系統注入。

表5-4-14提供了本時期生產1 000kg葡萄需要補充的化學肥料用量，也可以每生產1 000kg葡萄施用氮、磷、鉀含量接近18-6-30的複合肥20kg。具體肥料畝用量根據果園產量按倍數計算。全部肥料分4~5次施入，每次肥料用量均衡施入或前多後少施入。

表5-4-14　生產1 000kg葡萄末花-轉色期每畝肥料施用量

肥料類型	化學肥料用量（kg）
尿素（N，46%）	4.50
硝酸鉀（一等級，晶體；N，13.5%；K_2O，46%）	11.30
磷酸二氫鉀（P_2O_5，51.5；K_2O，34.5）	2.33

（5）上色-成熟期肥料施用方法及用量　化學肥料的施入均透過水肥一體化系統注入。

表5-4-15提供了本時期生產1 000kg葡萄需要補充的化學肥料用量，也可以生產1 000kg葡萄施用氮、磷、鉀含量接近9-6-24的複合肥5kg。具體肥料畝用量根據果園產量按倍數計算。全部肥料分4~5次施入，每次肥料用量均衡施入或前多後少施入。

表5-4-15　生產1 000kg南方葡萄上色-成熟期每畝肥料施用量

肥料類型	化學肥料用量（kg）
尿素（N，46%）	0.35
硝酸鉀（一等級，晶體；N，13.5%；K_2O，46%）	2.17
磷酸二氫鉀（P_2O_5，51.5；K_2O，34.5）	0.58

第五節 桃施肥管理方案

一、果園週年化學養分施入量的確定

桃樹吸收 N、P、K 的吸收比例為 1：(0.3～0.5)：(0.9～1.6)，形成 1 000kg 經濟產量所需要吸收的 N、P_2O_5、K_2O 的量分別為 4.8kg、2.0kg、7.6kg。在傳統施用方式和中等土壤肥力條件下，考慮到肥料利用率及土壤本身供肥量等因素，將 1 畝果園每生產 1 000kg 經濟產量的桃，所需要補充的化學養分 N、P_2O_5、K_2O 施入量分別定為 10kg、5.5kg、12.5kg。在此基礎上，將土壤肥力簡單劃分為低、中、高 3 級，施肥方式設定為傳統施肥和水肥一體化施肥。土壤肥力判斷不明確的情況下，按照中等肥力進行施用（表 5-5-1）。

表 5-5-1 生產 1 000kg 桃每畝需要施入的化學養分量

單位：kg

肥力水準/ 有機質（SOM）	傳統施肥			水肥一體化		
	N	P_2O_5	K_2O	N	P_2O_5	K_2O
低肥力 （SOM<1%）	12.5	7.0	15.5	10	5.5	12.5
中等肥力 （1%<SOM<2%）	10	5.5	12.5	8	4.5	10
高肥力 （SOM>2%）	7.5	4.0	9.5	6	3.5	7.5

二、施肥時期與次數

傳統施肥方式，中早熟品種桃樹化肥一般分 4 個時期施用，分別為秋季基肥（9 月中旬至 11 月中旬）、幼果期（5 月中旬至 6 月上中旬）、果實膨大期（6 月下旬至 7 月上旬）、月子肥（採收後 1～2 周內）；晚熟品種桃樹分 3 個時期施用，分別為秋季基肥、幼

果期和果實膨大期。

採用水肥一體化技術的果園，中早熟品種桃樹分 5 個施肥時期，分別為秋季基肥、花後-抽梢期、果實膨大期、著色期、月子肥；晚熟品種分 4 個施肥時期，分別為秋季基肥（9 月中旬至 11 月中旬）、花後-抽梢期、果實膨大期、著色期。施肥總量不變的前提下，根據時間長短每個時期施用 2～3 次，每次間隔 7d 以上。全年施肥次數不少於 7 次。

三、不同施肥期氮、磷、鉀肥施用比例

結果期桃樹需要考慮樹體發育、花芽分化、果實品質形成等諸多因素，需根據各物候期果樹對養分的需要進行分配（表 5-5-2 至表 5-5-5）。

表 5-5-2 中早熟桃傳統施肥方式氮、磷、鉀肥施用比例

肥料	秋季基肥	幼果期	果實膨大期	月子肥
氮肥	40%	20%	20%	20%
磷肥	50%	20%	10%	20%
鉀肥	20%	20%	40%	20%

表 5-5-3 晚熟桃傳統施肥方式氮、磷、鉀肥施用比例

肥料	秋季基肥	幼果期	果實膨大期
氮肥	60%	20%	20%
磷肥	50%	30%	20%
鉀肥	30%	20%	50%

表 5-5-4 中早熟桃水肥一體化方式氮、磷、鉀肥施用比例

肥料	秋季基肥	花後-抽梢期	果實膨大期	著色期	月子肥
氮肥	40%	20%	20%	0%	20%
磷肥	50%	10%	10%	10%	20%
鉀肥	20%	10%	10%	40%	20%

表 5-5-5　晚熟桃水肥一體化方式氮、磷、鉀肥施用比例

肥料	秋季基肥	花後-抽梢期	果實膨大期	著色期
氮肥	40%	30%	30%	0%
磷肥	50%	10%	20%	20%
鉀肥	20%	10%	20%	50%

四、不同施肥期氮、磷、鉀養分施用量

中等肥力條件下，不同施肥期氮、磷、鉀養分施用量見表 5-5-6 至表 5-5-9。

表 5-5-6　生產 1 000kg 中早熟桃傳統施肥方式
每畝養分施用量　　　　　　　　　　　　　　單位：kg

養分	秋季基肥	幼果期	果實膨大期	月子肥
N	4.0	2.0	2.0	2.0
P_2O_5	2.8	1.1	0.6	1.1
K_2O	2.5	2.5	5.0	2.5

表 5-5-7　生產 1 000kg 晚熟桃傳統施肥方式
每畝養分施用量　　　　　　　　　　　　　　單位：kg

養分	秋季基肥	幼果期	果實膨大期
N	6.0	2.0	2.0
P_2O_5	2.8	1.7	1.1
K_2O	3.8	2.5	6.3

表 5-5-8　生產 1 000kg 中早熟桃水肥一體化方式
每畝養分施用量　　　　　　　　　　　　　　單位：kg

養分	秋季基肥	花後-抽梢期	果實膨大期	著色期	月子肥
N	3.2	1.6	1.6	0	1.6
P_2O_5	2.2	0.4	0.4	0.4	0.9

(續)

養分	秋季基肥	花後-抽梢期	果實膨大期	著色期	月子肥
K_2O	2.0	1.0	1.0	2.0	1.8

表 5-5-9　生產 1 000kg 晚熟桃水肥一體化方式
每畝養分施用量　　　　　　　　　　單位：kg

養分	秋季基肥	花後-抽梢期	果實膨大期	著色期
N	3.2	2.4	2.4	0
P_2O_5	2.2	0.4	0.9	0.9
K_2O	2.0	1.0	2.0	5.0

五、不同品種不同施肥期具體施肥操作

品種、種植模式、管理方式會導致單位面積桃樹產量有較大差異。為方便大家使用，下面以傳統施肥方式列出單位面積（畝）、單位產量（1 000kg）的肥料投入量。具體施用時，可以以此為依據進行簡單計算得出。

1. 中早熟品種

（1）秋季基肥期肥料施用方法及用量　可以採用環狀、放射溝或條溝施肥。環狀施肥，在樹冠外緣投影開溝，深寬 30～40cm，根據肥料用量適當調整溝的寬度和深度，多用於幼樹和初結果樹。放射溝施肥，以果樹的樹幹為中心軸，以樹冠垂直投影外緣到距離樹幹 1m 遠處為溝長，由裡向外開溝 4～8 條。這種施肥方法傷根少，能促進根系吸收，適於成年樹。條溝施肥，順桃園行間開溝，隨開溝隨施肥，及時覆土，每年變換開溝位置，以使肥力均衡。

表 5-5-10 提供了本時期生產 1 000kg 桃需要補充的化學肥料用量，也可以每生產 1 000kg 桃施用養分含量接近 20-14-13 的複合肥 20.6kg。具體肥料畝用量根據果園產量按倍數計算，施用時按照株行距換算成單株或單行用量進行施用。

表 5-5-10　生產 1 000kg 桃秋季基肥期每畝肥料施用量

肥料類型	化學肥料用量（kg）	備注
尿素（N, 46%）	3	配合施用商品有機肥 2 000~2 500kg
15-15-15 複合肥	18	

（2）幼果期肥料施用方法及用量　可用開溝方式或挖坑方式施肥，可參照秋季基肥時期，此時肥料類型只有化學肥料。各類肥料與土混勻覆蓋後，及時灌水。

表 5-5-11 提供了本時期生產 1 000kg 桃需要補充的化學肥料用量，也可以每生產 1 000kg 桃施用氮、磷、鉀含量接近 16-9-20 的複合肥 12.5kg。具體肥料畝用量根據果園產量按倍數計算，施用時按照株行距換算成單株或單行用量進行施用。

表 5-5-11　生產 1 000kg 桃夏季追肥期每畝肥料施入量

肥料類型	化學肥料用量（kg）
硝酸銨鈣（N, 46%; Ca, 18%）	7
15-15-15 複合肥	7
農用硫酸鉀（K_2O, 50%）	3

（3）果實膨大期肥料施用方法及用量　施用方法與幼果肥相同。

表 5-5-12 提供了本時期生產 1 000kg 桃需要補充的化學肥料用量，也可以每生產 1 000kg 桃施用氮、磷、鉀含量接近 12-4-30 的複合肥 16.8kg。具體肥料畝用量根據果園產量按倍數計算，施用時按照株行距換算成單株或單行用量進行施用。

表 5-5-12　生產 1 000kg 桃夏季追肥期每畝肥料施用量

肥料類型	化學肥料用量（kg）
尿素（N, 46%）	3
15-15-15 複合肥	4

（續）

肥料類型	化學肥料用量（kg）
農用硫酸鉀（K_2O，50%）	9

（4）月子肥施用方法及用量　施用方法與幼果肥相同。

表 5-5-13 提供了本時期生產 1 000kg 桃需要補充的化學肥料用量，也可以每生產 1 000kg 桃施用氮、磷、鉀含量接近 16-9-20 的複合肥 12.5kg。具體肥料畝用量根據果園產量按倍數計算，施用時按照株行距換算成單株或單行用量進行施用。

表 5-5-13　生產 1 000kg 桃夏季追肥期每畝肥料施用量

肥料類型	化學肥料用量（kg）
尿素（N，46%）	2
15-15-15 複合肥	7
農用硫酸鉀（K_2O，50%）	3

2. 晚熟品種

（1）秋季基肥期肥料施用方法及用量　施肥方法參照中早熟品種。

表 5-5-14 提供了本時期生產 1 000kg 桃需要補充的化學肥料用量，也可以每生產 1 000kg 桃施用氮、磷、鉀含量接近 22-10-14 的複合肥 27.8kg。具體肥料畝用量根據果園產量按倍數計算，施用時按照株行距換算成單株或單行用量進行施用。

表 5-5-14　生產 1 000kg 桃秋季基肥期每畝肥料施用量

肥料類型	化學肥料用量（kg）	備注
尿素（N，46%）	7	配合施用商品有機肥 2 000~2 500kg
15-15-15 複合肥	18	
農用硫酸鉀（K_2O，50%）	2	

（2）幼果期肥料施用方法及用量　施肥方法參照中早熟桃。

表 5-5-15 提供了本時期生產 1 000kg 桃需要補充的化學肥料

用量，也可以每生產1 000kg桃施用氮、磷、鉀含量接近15-12-18的複合肥13.7kg。具體肥料畝用量根據果園產量按倍數計算，施用時按照株行距換算成單株或單行用量進行施用。

表 5-5-15　生產1 000kg桃夏季追肥期每畝肥料施用量

肥料類型	化學肥料用量（kg）
硝酸銨鈣（N，46%；Ca，18%）	3
15-15-15複合肥	11
農用硫酸鉀（K_2O，50%）	2

（3）果實膨大期肥料施用方法及用量　施肥方法參照中早熟品種。

表5-5-16提供了本時期生產1 000kg桃需要補充的化學肥料用量，也可以每生產1 000kg桃施用氮、磷、鉀含量接近10-6-30的複合肥20.8kg。具體肥料畝用量根據果園產量按倍數計算，施用時按照株行距換算成單株或單行用量進行施用。

表 5-5-16　生產1 000kg桃夏季追肥期每畝肥料施用量

肥料類型	化學肥料用量（kg）
尿素（N，46%）	2
15-15-15複合肥	8
農用硫酸鉀（K_2O，50%）	11

設施栽培模式的桃園施肥時期與次數、各施肥期養分投入比例可參照傳統施肥進行，每個施肥時期的肥料投入量可在傳統施肥的基礎上減量10%～25%。

第六節　櫻桃施肥管理方案

一、果園週年化學養分施入量的確定

櫻桃樹形成100kg鮮果需要N、P_2O_5、K_2O的元素量分別為

0.8~1kg、0.5~0.6kg、1.0~1.2kg。在傳統施用方式和中等土壤肥力條件下，考慮到肥料利用率及土壤本身供肥量等因素，將果園每生產100kg經濟產量，每畝果園所需要補充的化學養分N、P_2O_5、K_2O施入量分別定為2kg、1.4kg、2.1kg。在此基礎上，將土壤肥力簡單劃分為低、中、高3級，施肥方式設定為傳統施肥和水肥一體化施肥。土壤肥力判斷不明確的情況下，按照中等肥力進行施用（表5-6-1）。

表5-6-1 生產100kg草莓每畝需要施入的化學養分量

單位：kg

肥力水準/ 有機質（SOM）	傳統施肥 N	傳統施肥 P_2O_5	傳統施肥 K_2O	水肥一體化 N	水肥一體化 P_2O_5	水肥一體化 K_2O
低肥力（SOM<1%）	2.5	1.8	2.6	2.0	1.4	2.
中等肥力（1%<SOM<2%）	2	1.4	2.1	1.6	1.1	1.7
高肥力（SOM>2%）	1.5	1.1	1.6	1.2	0.8	1.3

二、施肥時期與次數

傳統施肥方式，化肥一般分4個時期施用，分別為櫻桃落葉後秋季基肥（9月中旬至11月中旬），翌年春季萌芽期、果實膨大期和採果後。

採用水肥一體化方式的果園分5個施肥時期，分別為秋季基肥、萌芽期、落花後、果實膨大期、採果後。施肥總量不變的前提下，根據時間長短每個時期施用2~3次，每次間隔7d以上。

三、不同施肥期氮、磷、鉀肥施用比例

結果期果樹需要考慮樹體發育、花芽分化、果實品質形成等諸多因素，需根據各物候期果樹對肥料的需要進行分配（表5-6-2、表5-6-3）。

表 5-6-2　傳統施肥方式氮、磷、鉀肥施用比例

肥料	秋季基肥	萌芽期	果實膨大期	採果後
氮肥	40%	25%	10%	25%
磷肥	40%	15%	10%	35%
鉀肥	45%	10%	20%	25%

表 5-6-3　水肥一體化方式氮、磷、鉀肥施用比例

肥料	秋季基肥	萌芽期	落花後	果實膨大期	採果後
氮肥	40%	15%	10%	10%	25%
磷肥	40%	10%	5%	10%	35%
鉀肥	45%	5%	5%	20%	25%

四、不同施肥期氮、磷、鉀養分施用量

中等肥力條件下，不同施肥期氮、磷、鉀養分施用量見表 5-6-4、表 5-6-5。

表 5-6-4　生產 100kg 櫻桃傳統施肥方式
　　　　　每畝養分施用量　　　　　單位：kg

養分	秋季基肥	萌芽期	硬核期	果實膨大期
N	0.80	0.50	0.20	0.50
P_2O_5	0.56	0.21	0.14	0.49
K_2O	0.95	0.21	0.42	0.53

表 5-6-5　生產 100kg 櫻桃水肥一體化方式
　　　　　每畝養分施用量　　　　　單位：kg

養分	秋季基肥	萌芽期	落花後	果實膨大期	採果後
N	0.64	0.24	0.16	0.16	0.40
P_2O_5	0.45	0.11	0.06	0.11	0.39
K_2O	0.76	0.08	0.08	0.34	0.42

五、不同施肥期具體施肥操作

品種、種植模式、管理方式會導致單位面積櫻桃樹產量有較大差異。為方便使用，下面以傳統施肥方式列出單位面積（畝）、單位產量（100kg）的肥料投入量。具體施用時，可以以此為依據進行簡單計算得出。

（1）秋季基肥期肥料施用方法及用量　秋季肥料施用時，可以採用環狀、放射溝或條溝施肥。環狀施肥，在樹冠外緣投影開溝，深寬30～40cm，根據肥料用量適當調整溝的寬度和深度，多用於幼樹和初結果樹。放射溝施肥，以果樹的樹幹為中心軸，以樹冠垂直投影外緣到距離樹幹1m遠處為溝長，由裡向外開溝4～8條。這種施肥方法傷根少，能促進根系吸收，適於成年樹。條溝施肥，順櫻桃園行間開溝，隨開溝隨施肥，及時覆土，每年變換開溝位置，以使肥力均衡。

表5-6-6提供了本時期生產100kg櫻桃需要補充的化學肥料用量，也可以每生產100kg櫻桃施用氮、磷、鉀含量接近16-11-19的複合肥5.2kg。具體肥料畝用量根據果園產量按倍數計算，施用時按照株行距換算成單株或單行用量進行施用。

表5-6-6　生產100kg櫻桃秋季基肥期每畝肥料施用量

肥料類型	化學肥料用量（kg）	備注
尿素（N，46%）	0.5	配合施用商品有機肥2 000～2 500kg
15-15-15複合肥	3.8	
農用硫酸鉀（K_2O，50%）	0.8	

（2）萌芽期肥料施用方法及用量　可用開溝方式或挖坑方式施肥，可參照秋季基肥時期，此時肥料類型只有化學肥料。各類肥料與土混勻覆蓋後，及時灌水。

表5-6-7提供了本時期生產100kg櫻桃需要補充的化學肥料用量，也可以生產100kg櫻桃施用養分含量接近25-11-11的複合肥2.1kg。具體肥料畝用量根據果園產量按倍數計算，施用時

按照株行距換算成單株或單行用量進行施用。

表 5-6-7　生產 100kg 櫻桃春季追肥期每畝肥料施用量

肥料類型	化學肥料用量（kg）
硝酸銨鈣（N，15%；Ca，18%）	2.0
15-15-15 複合肥	1.4

（3）果實膨大期肥料施用方法及用量　施用方法與催芽肥相同。

表 5-6-8 提供了本時期生產 100kg 櫻桃需要補充的化學肥料用量，也可以每生產 100kg 櫻桃施用氮、磷、鉀含量接近 12-8-25 的複合肥 1.7 kg。具體肥料畝用量根據果園產量按倍數計算，施用時按照株行距換算成單株或單行用量進行施用。

表 5-6-8　生產 100kg 櫻桃夏季追肥期每畝肥料施用量

肥料類型	化學肥料用量（kg）
尿素（N，46%）	0.2
15-15-15 複合肥	1.0
農用硫酸鉀（K_2O，50%）	0.6

（4）採果後肥料施用方法及用量　施用方法與催芽肥相同。

表 5-6-9 提供了本時期生產 100kg 櫻桃需要補充的化學肥料用量，也可以每生產 100kg 櫻桃施用氮、磷、鉀含量接近 15-15-16 的複合肥 3.8 kg。具體肥料畝用量根據果園產量按倍數計算，施用時按照株行距換算成單株或單行用量進行施用。

表 5-6-9　生產 100kg 櫻桃夏季追肥期每畝肥料施入量

肥料類型	化學肥料用量（kg）
尿素（N，46%）	0.1
15-15-15 複合肥	3.3
農用硫酸鉀（K_2O，50%）	0.1

第七節　草莓施肥管理方案

一、果園週年化學養分施入量的確定

草莓形成100kg經濟產量所需要吸收的N、P_2O_5、K_2O的量分別為0.6～1.0kg、0.25～0.4kg、0.5～1.0kg。在傳統施用方式和中等土壤肥力條件下，考慮到肥料利用率及土壤本身供肥量等因素，將1畝果園每生產100kg經濟產量的草莓，所需要補充的化學養分N、P_2O_5、K_2O施入量分別定為1.0kg、0.55kg、0.85kg。在此基礎上，將土壤肥力簡單劃分為低、中、高3級，施肥方式設定為傳統施肥和水肥一體化施肥。土壤肥力判斷不明確的情況下，按照中等肥力進行施用（表5-7-1）。

表5-7-1　生產100kg草莓每畝需要施入的化學養分量

單位：kg

肥力水準/ 有機質（SOM）	傳統施肥 N	傳統施肥 P_2O_5	傳統施肥 K_2O	水肥一體化 N	水肥一體化 P_2O_5	水肥一體化 K_2O
低肥力（SOM<1%）	1.25	0.69	1.06	1.00	0.55	0.85
中等肥力（1%<SOM<2%）	1.00	0.55	0.85	0.80	0.44	0.68
高肥力（SOM>2%）	0.75	0.41	0.64	0.60	0.33	0.51

二、施肥時期與次數

常規施肥模式下，化肥分3～4次施用，分別為底肥（移栽前10～15d）、苗期、初花期和採果期。

採用水肥一體化方式時，在底肥的基礎上，分別在現蕾期、開花後和果實膨大期追肥。施肥前先灌清水20min，再進行施肥，施肥結束後再灌清水30min沖洗管道。

三、不同施肥期氮、磷、鉀肥施用比例

草莓施肥需要考慮草莓生長、果實品質形成等諸多因素，需根據各物候期草莓對肥料的需要規律進行分配（表 5-7-2、表 5-7-3）。

表 5-7-2　傳統施肥方式氮、磷、鉀肥施用比例

肥料	底肥	苗期	初花期	採果期
氮肥	20%	20%	30%	30%
磷肥	20%	20%	30%	30%
鉀肥	20%	20%	30%	30%

表 5-7-3　水肥一體化方式氮、磷、鉀肥施用比例

肥料	底肥	現蕾期	開花後	果實膨大期
氮肥	40%	20%	20%	20%
磷肥	40%	20%	20%	20%
鉀肥	40%	20%	20%	20%

四、不同施肥期氮、磷、鉀養分施用量

中等肥力條件下，不同施肥期氮、磷、鉀養分施用量見表 5-7-4、表 5-7-5。

表 5-7-4　生產 100kg 草莓傳統施肥方式
每畝養分施用量　　　　　　　　　單位：kg

養分	底肥	苗期	初花期	採果期
N	0.20	0.20	0.30	0.30
P_2O_5	0.11	0.11	0.17	0.17
K_2O	0.17	0.17	0.26	0.26

表 5－7－5　生產 100kg 草莓水肥一體化方式
每畝養分施用量　　　　單位：kg

養分	底肥	現蕾期	開花後	果實膨大期
N	0.32	0.16	0.16	0.16
P_2O_5	0.18	0.09	0.09	0.09
K_2O	0.27	0.14	0.14	0.14

五、不同施肥期具體施肥操作

為方便大家使用，下面以傳統施肥方式列出單位面積（畝）、單位產量（100kg）的肥料投入量。具體施用時，可以以此為依據進行簡單計算得出。

（1）底肥施用方法及用量　草莓底肥結合土壤深翻耕施入，深度 20～25cm，保證肥料均勻分布。

表 5－7－6 提供了本時期生產 100kg 草莓需要補充的化學肥料用量，也可以每生產 100kg 草莓施用氮、磷、鉀含量接近 19－11－16 的複合肥 1.1kg。具體肥料畝用量根據產量按倍數計算。

表 5－7－6　生產 100kg 草莓秋季基肥期每畝肥料施用量

肥料類型	化學肥料用量（kg）	備注
尿素（N，46%）	0.2	配合施用商品有機肥 1 000～1 500kg
15－15－15 複合肥	0.8	
農用硫酸鉀（K_2O，50%）	0.2	

（2）苗期肥施用方法及用量　苗期可透過開溝施肥，順草莓園行間開溝，隨開溝隨施肥，及時覆土灌水。

表 5－7－7 提供了本時期生產 100kg 草莓需要補充的化學肥料用量，也可以每生產 100kg 草莓施用氮、磷、鉀含量接近 19－11－16 的複合肥 1.1kg。具體肥料畝用量根據產量按倍數計算。

表 5-7-7　生產 100kg 草莓苗期每畝肥料施用量

肥料類型	化學肥料用量（kg）
尿素（N, 46%）	0.2
15-15-15 複合肥	0.8
農用硫酸鉀（K₂O, 50%）	0.2

（3）初花期肥料施用方法及用量　施用方法與苗期施肥相同。

表 5-7-8 提供了本時期生產 100kg 草莓需要補充的化學肥料用量，也可以每生產 100kg 草莓施用氮、磷、鉀含量接近 19-11-16 的複合肥 1.6kg。具體肥料畝用量根據產量按倍數計算。

表 5-7-8　生產 100kg 草莓初花肥期每畝肥料施用量

肥料類型	化學肥料用量（kg）
硝酸銨鈣（N, 46%；Ca, 18%）	0.9
15-15-15 複合肥	1.1
農用硫酸鉀（K₂O, 50%）	0.2

（4）採果期肥料施用方法及用量　施用方法與苗期施肥相同。

表 5-7-9 提供了本時期生產 100kg 草莓需要補充的化學肥料用量，也可以每生產 100kg 草莓施用養分含量接近 19-11-16 的複合肥 1.6kg。具體肥料畝用量根據產量按倍數計算。

表 5-7-9　生產 100kg 草莓採果期每畝肥料施用量

肥料類型	化學肥料用量（kg）
尿素（N, 46%）	0.3
15-15-15 複合肥	1.1
農用硫酸鉀（K₂O, 50%）	0.2

第八節 藍莓施肥管理方案

一、果園週年化學養分施入量的確定

藍莓生產100kg經濟產量所需要吸收的N、P_2O_5、K_2O的量分別為0.4kg、0.1kg、0.5kg。在傳統施用方式和中等土壤肥力條件下，考慮到肥料利用率及土壤本身供肥量等因素，將1畝果園每生產100kg經濟產量的藍莓，所需要補充的化學養分N、P_2O_5、K_2O施入量分別定為10kg、5.5kg、12.5kg。在此基礎上，將土壤肥力簡單劃分為低、中、高3級，施肥方式設定為傳統施肥和水肥一體化施肥。土壤肥力判斷不明確的情況下，按照中等肥力進行施用（表5-8-1）。

表5-8-1 生產100kg藍莓每畝需要施入的化學養分量　　　　單位：kg

肥力水準/ 有機質（SOM）	傳統施肥			水肥一體化		
	N	P_2O_5	K_2O	N	P_2O_5	K_2O
低肥力 （SOM<1%）	1.25	0.25	1.25	1.00	0.20	1.00
中等肥力 （1%<SOM<2%）	1.00	0.20	1.00	0.80	0.16	0.80
高肥力 （SOM>2%）	0.75	0.15	0.75	0.60	0.12	0.60

二、施肥時期與次數

傳統施肥方式，藍莓化肥一般分4個時期施用，分別為秋季基肥、開花期、膨果期、漿果轉熟期。

採用水肥一體化方式的藍莓園，分5個施肥時期，分別為秋季基肥、萌芽前、開花後、膨果期、成熟期。施肥總量不變的條件下，根據藍莓每個生育期長短可每次施用2～3次，每次間隔7d以

上。全年施肥次數不少於 6～8 次。

三、不同施肥期氮、磷、鉀肥施用比例

盛果期藍莓需要綜合考慮樹體生長、花芽分化、果實品質形成等諸多因素影響，需根據各物候期果樹對養分的需要進行分配（表 5-8-2、表 5-8-3）。

表 5-8-2　傳統施肥方式氮、磷、鉀肥施用比例

肥料	秋季基肥	開花期	膨果期	漿果轉熟期
氮肥	40%	30%	25%	5%
磷肥	50%	20%	15%	15%
鉀肥	30%	15%	15%	40%

表 5-8-3　水肥一體化方式氮、磷、鉀肥施用比例

肥料	秋季基肥	萌芽前	開花後	膨果期	成熟期
氮肥	40%	15%	20%	25%	40%
磷肥	50%	15%	15%	10%	50%
鉀肥	20%	10%	15%	15%	20%

四、不同施肥期的氮、磷、鉀養分施用量

中等肥力條件下，不同施肥期氮、磷、鉀養分施用量見表 5-8-4、表 5-8-5。

表 5-8-4　生產 100kg 藍莓傳統施肥方式
　　　　每畝養分施用量　　　　　　　單位：kg

養分	秋季基肥	開花期	膨果期	漿果轉熟期
N	0.40	0.30	0.25	0.05
P_2O_5	0.10	0.04	0.03	0.03
K_2O	0.30	0.15	0.15	0.40

表 5-8-5　生產 100kg 藍莓水肥一體化方式
每畝養分施用量　　　　　　　單位：kg

養分	秋季基肥	萌芽前	開花後	膨果期	成熟期
N	0.32	0.12	0.16	0.20	0.00
P_2O_5	0.08	0.02	0.02	0.02	0.02
K_2O	0.16	0.08	0.12	0.12	0.32

五、不同施肥期具體施肥操作

藍莓的品種、種植管理等因素的差異會造成藍莓單位面積產量不同。為方便果農參照，下面以傳統施肥方式列出單位面積（畝）、單位產量（100kg）的肥料投入量。施用時，可以此為依據，透過目標產量計算得出具體肥料用量。

（1）秋季基肥期肥料施用方法及用量　秋季肥料施用時，可採用條溝施肥，順果園行間開溝，隨開溝隨施肥，及時覆土，每年變換開溝位置，以使肥力均衡。

表 5-8-6 提供了本時期生產 100kg 藍莓需要補充的化學肥料用量，也可以每生產 100kg 藍莓施用氮、磷、鉀含量接近 23-6-17 的複合肥 1.78kg。具體肥料畝用量根據果園產量按倍數計算，施用時按照株行距換算成單株或單行用量進行施用。

表 5-8-6　生產 100kg 藍莓秋季基肥期每畝肥料施用量

肥料類型	化學肥料用量（kg）	備注
硫酸銨（N，21%）	1.43	
15-15-15 複合肥	0.67	配合施用商品有機肥 1 500～2 000kg
農用硫酸鉀（K_2O，50%）	0.40	

（2）開花期肥料施用方法及用量　幼果肥肥料施用時可用開溝方式施肥，可參照秋季基肥期，此時肥料類型只有化學肥料。各類肥料與土混勻覆蓋後，及時灌水。

表 5-8-7 提供了本時期生產 100kg 藍莓需要補充的化學肥料

用量，也可以每生產100kg藍莓施用養分含量接近28-4-14的複合肥1.09kg。具體肥料畝用量根據果園產量按倍數計算，施用時按照株行距換算成單株或單行用量進行施用。

表5-8-7　生產100kg藍莓開花期每畝肥料施用量

肥料類型	化學肥料用量（kg）
硫酸銨（N，21%）	1.24
15-15-15複合肥	0.27
農用硫酸鉀（K_2O，50%）	0.22

（3）膨果期肥料施用方法及用量　施用方法與開花期相同。

表5-8-8提供了本時期生產100kg藍莓需要補充的化學肥料用量，也可以每生產100kg藍莓施用氮、磷、鉀含量接近26-4-16的複合肥0.96kg。具體肥料畝用量根據果園產量按倍數計算，施用時按照株行距換算成單株或單行用量進行施用。

表5-8-8　生產100kg藍莓膨果期每畝肥料施用量

肥料類型	化學肥料用量（kg）
硫酸銨（N，21%）	1.05
15-15-15複合肥	0.20
農用硫酸鉀（K_2O，50%）	0.24

（4）漿果轉熟期肥料施用方法及用量　施用方法與開花期相同。

表5-8-9提供了本時期生產100kg藍莓需要補充的化學肥料用量，也可以每生產100kg藍莓施用氮、磷、鉀含量接近4-3-38的複合肥1.07kg。具體肥料畝用量根據果園產量按倍數計算，施用時按照株行距換算成單株或單行用量進行施用。

表5-8-9　生產100kg藍莓漿果轉熟期每畝肥料施用量

肥料類型	化學肥料用量（kg）
硫酸銨（N，21%）	0.10

(續)

肥料類型	化學肥料用量（kg）
15－15－15 複合肥	0.20
農用硫酸鉀（K_2O，50％）	0.74

設施栽培模式的藍莓施肥時期與次數、各施肥期養分投入比例可參照傳統施肥進行，每個施肥時期的肥料投入量可在傳統施肥基礎上減量 10％～25％。

第九節　李、杏施肥管理方案

一、果園週年化學養分施入量的確定

有關李、杏養分吸收規律的參考資料偏少，本節參考桃的養分吸收規律，在生產 1 000kg 經濟產量的每畝桃園所需要補充的化學養分 N、P_2O_5、K_2O 施入量的基礎上乘以一定係數（2/3）。在此基礎上，將土壤肥力簡單劃分為低、中、高 3 級，施肥方式設定為傳統施肥和水肥一體化施肥。土壤肥力判斷不明確的情況下，按照中等肥力進行施用（表 5-9-1）。

表 5-9-1　生產 1 000kg 李、杏每畝需要施入的化學養分量

單位：kg

肥力水準/ 有機質（SOM）	傳統施肥 N	傳統施肥 P_2O_5	傳統施肥 K_2O	水肥一體化 N	水肥一體化 P_2O_5	水肥一體化 K_2O
低肥力 （SOM＜1％）	8.33	4.58	10.42	6.67	3.67	8.33
中等肥力 （1％＜SOM＜2％）	6.67	3.67	8.33	5.33	2.93	6.67
高肥力 （SOM＞2％）	5.00	2.75	6.25	4.00	2.20	5.00

二、施肥時期與次數

傳統施肥方式，化肥一般分 4 個時期施用，分別為李、杏落葉後秋季基肥（9 月中旬至 11 月中旬）、落花後-幼果期、果實膨大期和採果後（果實採收後 1~2 周內）。

採用水肥一體化方式的果園分 5 個施肥時期，分別為秋季基肥、落花後-幼果期、果實膨大期、著色期、果實採收後。根據果樹生育期長短，施用 2~3 次，每次間隔 7d 以上。全年施肥次數不少於 7 次。

三、不同施肥期氮、磷、鉀肥施用比例

結果期果樹需要考慮樹體發育、花芽分化、果實品質形成等諸多因素，需根據各物候期果樹對養分的需要進行分配（表 5-9-2、表 5-9-3）。

表 5-9-2　傳統施肥方式氮、磷、鉀肥施用比例

肥料	秋季基肥	落花後-幼果期	果實膨大期	採果後
氮肥	40%	20%	20%	20%
磷肥	50%	20%	10%	20%
鉀肥	20%	20%	40%	20%

表 5-9-3　水肥一體化方式氮、磷、鉀肥施用比例

肥料	秋季基肥	落花後-幼果期	果實膨大期	著色期	採果後
氮肥	40%	20%	20%	0%	20%
磷肥	50%	10%	10%	10%	20%
鉀肥	20%	10%	10%	40%	20%

四、不同施肥期氮、磷、鉀養分施用量

中等肥力條件下，不同施肥方式下的氮、磷、鉀養分施用量見表 5-9-4、表 5-9-5。

表 5-9-4　生產 1 000kg 李、杏傳統施肥方式
每畝養分施用量　　　　　　　　　　單位：kg

養分	秋季基肥	落花後-幼果期	果實膨大期	採果後
N	2.7	1.3	1.3	1.3
P_2O_5	1.8	0.7	0.4	0.7
K_2O	1.7	1.7	3.3	1.7

表 5-9-5　生產 1 000kg 李、杏水肥一體化方式
每畝養分施用量　　　　　　　　　　單位：kg

養分	秋季基肥	落花後-幼果期	果實膨大期	著色期	採果後
N	2.1	1.1	1.1	0.0	1.1
P_2O_5	1.5	0.3	0.3	0.3	0.6
K_2O	1.3	0.7	0.7	2.7	1.3

五、不同施肥期具體施肥操作

　　品種、種植模式、管理方式會導致單位面積經濟產量有較大差異。為方便大家使用，下面以傳統施肥方式列出單位面積（畝）、單位產量（1 000kg）的肥料投入量。具體施用時，可以以此為依據進行簡單計算得出。

　　（1）秋季基肥期肥料施用方法及用量　可以採用環狀、放射溝或條溝施肥。環狀施肥，在樹冠外緣投影開溝，深寬 30～40cm，根據肥料用量適當調整溝的寬度和深度，多用於幼樹和初結果樹。放射溝施肥，以果樹的樹幹為中心軸，以樹冠垂直投影外緣到距離樹幹 1m 遠處為溝長，由裡向外開溝 4～8 條。這種施肥方法傷根少，能促進根系吸收，適於成年樹。條溝施肥，順李樹或杏樹行間開溝，隨開溝隨施肥，及時覆土，每年變換開溝位置，以使肥力均衡。

　　表 5-9-6 提供了本時期生產 1 000kg 李、杏需要補充的化學肥料用量，也可以每生產 1 000kg 李、杏施用氮、磷、鉀含量接近 20-14-13 的複合肥 13.7 kg。具體肥料畝用量根據果園產量按倍

數計算，施用時按照株行距換算成單株或單行用量進行施用。

表 5-9-6　生產 1 000kg 李、杏秋季基肥期肥料施用量

肥料類型	化學肥料用量（kg）	備註
尿素（N，46%）	2	商品有機肥 1 500～2 000kg
15-15-15 複合肥	13	

（2）落花後-幼果期肥料施用方法及用量　施肥方式可參照秋季基肥時期，此時肥料類型只有化學肥料。各類肥料與土混勻覆蓋後，及時灌水。

表 5-9-7 提供了本時期生產 1 000kg 李、杏需要補充的化學肥料用量，也可以每生產 1 000kg 李、杏施用氮、磷、鉀含量接近 16-9-20 的複合肥 8.5 kg。具體肥料畝用量根據果園產量按倍數計算，施用時按照株行距換算成單株或單行用量進行施用。

表 5-9-7　生產 1 000kg 李、杏春季追肥期每畝肥料施用量

肥料類型	化學肥料用量（kg）
硝酸銨鈣（N，15%；Ca，18%）	4
15-15-15 複合肥	5
農用硫酸鉀（K_2O，50%）	2

（3）果實膨大期肥料施用方法及用量　施用方法與秋季基肥相同。

表 5-9-8 提供了本時期生產 1 000kg 李、杏需要補充的化學肥料用量，也可以每生產 1 000kg 李、杏施用氮、磷、鉀含量接近 12-4-30 的複合肥 11.2 kg。具體肥料畝用量根據果園產量按倍數計算，施用時按照株行距換算成單株或單行用量進行施用。

表 5-9-8　生產 1 000kg 李、杏果實膨大期每畝肥料施用量

肥料類型	化學肥料用量（kg）
尿素（N，46%）	2

(續)

肥料類型	化學肥料用量（kg）
15-15-15 複合肥	3
農用硫酸鉀（K_2O，50%）	6

（4）採果後肥料施用方法及用量　施用方法與秋季基肥相同。

表5-9-9提供了本時期生產1 000kg李、杏需要補充的化學肥料用量，也可以每生產1 000kg李、杏施用氮、磷、鉀含量接近16-9-20的複合肥8.3 kg。具體肥料畝用量根據果園產量按倍數計算，施用時按照株行距換算成單株或單行用量進行施用。

表5-9-9　生產1 000kg李、杏採果後每畝肥料施用量

肥料類型	化學肥料用量（kg）
尿素（N，46%）	2
15-15-15 複合肥	5
農用硫酸鉀（K_2O，50%）	2

第六章 常綠果樹施肥管理方案

第一節 柑橘施肥管理方案

一、果園週年化學養分施入量的確定

結果期樹：柑橘樹形成 1 000kg 經濟產量所需要吸收的 N、P_2O_5、K_2O 的量分別為 6.0kg、1.1kg、4.0kg。在傳統施用方式和中等土壤肥力條件下，考慮到肥料利用率及土壤本身供肥量等因素，將 1 畝果園每生產 1 000kg 經濟產量的柑橘，所需要補充的化學養分 N、P_2O_5、K_2O 施入量分別定為 12.3kg、3.3kg、8.8kg。在此基礎上，將土壤肥力簡單劃分為低、中、高 3 級，施肥方式設定為傳統施肥和水肥一體化施肥。土壤肥力判斷不明確的情況下，按照中等肥力進行施用（表 6-1-1）。

表 6-1-1 生產 1 000kg 柑橘每畝需要施入的化學養分量

單位：kg

肥力水準/ 有機質（SOM）	傳統施肥			水肥一體化		
	N	P_2O_5	K_2O	N	P_2O_5	K_2O
低肥力 （SOM<1%）	15.4	4.1	11	11.6	3.1	8.3
中等肥力 （1%<SOM<2%）	12.3	3.3	8.8	9.2	2.5	6.6
高肥力 （SOM>2%）	9.2	2.5	6.6	6.9	1.9	5.0

未結果樹：未結果樹及畝產量低於 1 000kg 的果園按照果實畝產量 1 000kg 計算氮肥用量，N、P$_2$O$_5$、K$_2$O 比例按照 1∶0.3∶0.7 施用，即每畝施入化學形態 N、P$_2$O$_5$、K$_2$O 的量分別為 9.0kg、2.8kg、6.3kg。在此基礎上，將土壤肥力簡單劃分為低、中、高 3 級，施肥方式設定為傳統施肥和水肥一體化施肥。土壤肥力判斷不明確的情況下，按照中等肥力進行施用（表 6-1-2）。

表 6-1-2　未結果樹每畝需要施入的化學養分量

單位：kg

肥力水準/有機質（SOM）	傳統施肥 N	傳統施肥 P$_2$O$_5$	傳統施肥 K$_2$O	水肥一體化 N	水肥一體化 P$_2$O$_5$	水肥一體化 K$_2$O
低肥力（SOM<1%）	11.3	3.5	7.9	8.5	2.6	5.9
中等肥力（1%<SOM<2%）	9.0	2.8	6.3	6.8	2.1	4.7
高肥力（SOM>2%）	6.8	2.1	4.7	5.1	1.6	3.5

二、施肥時期與次數

傳統施肥方式全年分為 4 個施肥時期，分別為秋冬季基肥期、萌芽追肥期、穩果追肥期和壯果追肥期，考慮到傳統施肥較為費工費時，每個時期施肥 1 次。

水肥一體化方式全年分為 4 個施肥時期，分別為秋季基肥期、萌芽-開花期、幼果膨大期、果實膨大-轉色期。施肥總量不變的前提下，根據時間長短每個時期施用 3~4 次，每次間隔 7d 以上。全年施肥次數不少於 12 次。

三、不同施肥期氮、磷、鉀肥施用比例

結果期果樹需要考慮樹體發育、花芽分化、果實品質形成等諸多因素，需根據各物候期果樹對養分的需要進行分配（表 6-1-3、表 6-1-4）。

表 6-1-3　傳統施肥方式氮、磷、鉀肥施用比例

肥料	秋冬季基肥時期	萌芽追肥期	穩果追肥期	壯果追肥期
氮肥	20%	40%	10%	30%
磷肥	40%	30%	20%	10%
鉀肥	30%	10%	20%	40%

表 6-1-4　水肥一體化方式氮、磷、鉀肥施用比例

肥料	秋冬季施肥期	萌芽-開花期	幼果膨大期	果實膨大-轉色期
氮肥	20%	30%	40%	10%
磷肥	40%	40%	10%	10%
鉀肥	30%	10%	20%	40%

未結果期樹肥料在各物候期均勻分配即可。

四、不同施肥期氮、磷、鉀養分施用量

中等肥力條件下，不同施肥期氮、磷、鉀養分施用量見表 6-1-5、表 6-1-6。

表 6-1-5　生產 1 000kg 柑橘傳統施肥方式
每畝養分施用量　　　　　　　單位：kg

養分	秋冬季基肥時期	萌芽追肥期	穩果追肥期	壯果追肥期
N	2.46	4.92	1.23	3.69
P_2O_5	1.32	0.99	0.66	0.33
K_2O	2.64	0.88	1.76	3.52

表 6-1-6　生產 1 000kg 柑橘水肥一體化方式
每畝養分施用量　　　　　　　單位：kg

養分	秋冬季施肥期	萌芽-開花期	幼果膨大期	果實膨大-轉色期
N	1.84	2.76	3.68	0.92
P_2O_5	1	1	0.25	0.25

(續)

養分	秋冬季施肥期	萌芽-開花期	幼果膨大期	果實膨大-轉色期
K₂O	1.98	0.66	1.32	2.64

五、不同施肥期具體施肥操作

樹齡、產量、品種、土壤肥力、氣候、施用方式等會導致單位面積柑橘產量有較大差異。為方便大家使用，下面列出單位面積（畝）、單位產量（1 000kg）的肥料投入量。具體施用時，可以此為依據進行簡單計算得出。

1. 傳統施肥方式

（1）秋季基肥期肥料施用方法及用量　可採用放射狀溝施肥，即沿樹幹向外，隔開骨幹根挖數條放射狀溝施肥；也可採用條溝施肥，即對成行樹和矮密果園，沿行間的樹冠外圍挖溝施肥，溝寬30cm、深40cm左右。每年交換位置。施肥時將有機肥與各類化肥一同施入，與土混勻覆蓋後，及時灌水。

表6-1-7提供了本時期生產1 000kg柑橘需要補充的化學肥料用量，也可以每生產1 000kg柑橘施用氮、磷、鉀含量接近24-13-26的複合肥10kg。具體肥料畝用量根據果園產量按倍數計算，施用時按照株行距換算成單株或單行用量進行施用。

表6-1-7　生產1 000kg柑橘秋冬季基肥期每畝肥料施用量

肥料類型	化學肥料用量（kg）	備注
尿素（N，46%）	2.48	每畝須配合施用2 000～3 000kg優質堆肥或500～1 000kg商品有機肥
15-15-15複合肥	8.8	
農用硫酸鉀（K₂O，50%）	2.64	

（2）萌芽追肥期肥料施用方法及用量　萌芽追肥期肥料類型主要以化學肥料為主，可採用溝施或穴施，開溝或挖穴的深度和寬度可以在15～20cm，也可以撒施。各類肥料與土混勻覆蓋後，及時灌水。

表6-1-8提供了本時期生產1 000kg柑橘需要補充的化學肥

料用量，也可以生產1 000kg柑橘施用養分含量接近25-6-8的複合肥20kg。具體肥料畝用量根據果園產量按倍數計算，施用時按照株行距換算成單株或單行用量進行施用。

表6-1-8　生產1 000kg柑橘萌芽追肥期每畝肥料施用量

肥料類型	化學肥料用量（kg）
硝酸銨鈣（N，15%；Ca，18%）	26.2
15-15-15複合肥	6.6

（3）穩果追肥期肥料施用方法及用量　施用方法與萌芽追肥期相同。

表6-1-9提供了本時期生產1 000kg柑橘需要補充的化學肥料用量，也可以每生產1 000kg柑橘施用氮、磷、鉀含量接近20-11-34的複合肥6kg。具體肥料畝用量根據果園產量按倍數計算，施用時按照株行距換算成單株或單行用量進行施用。

表6-1-9　生產1 000kg柑橘穩果追肥期每畝肥料施用量

肥料類型	化學肥料用量（kg）
尿素（N，46%）	1.24
15-15-15複合肥	4.4
農用硫酸鉀（K_2O，50%）	2.2

（4）壯果追肥期肥料施用方法及用量　施用方法與萌芽追肥期相同。

表6-1-10提供了本時期生產1 000kg柑橘需要補充的化學肥料用量，也可以每生產1 000kg柑橘施用氮、磷、鉀含量接近18-5-18的複合肥20kg。具體肥料畝用量根據果園產量按倍數計算，施用時按照株行距換算成單株或單行用量進行施用。

表6-1-10　生產1 000kg柑橘穩果追肥期每畝肥料施用量

肥料類型	化學肥料用量（kg）
尿素（N，46%）	7.30

(續)

肥料類型	化學肥料用量（kg）
15-15-15複合肥	2.2
農用硫酸鉀（K$_2$O，50%）	6.38

2. 水肥一體化方式

（1）秋冬季基肥期肥料施用方法及用量　有機肥的施用參照傳統施肥方式開溝施用。化肥的施用透過水肥一體化系統注入。

表6-1-11提供了本時期生產1 000kg柑橘需要補充的化學肥料用量，也可以每生產1 000kg柑橘施用氮、磷、鉀含量接近18-10-20的複合肥10kg。具體肥料畝用量根據果園產量按倍數計算。全部肥料分3~4次施入，每次肥料用量均衡施入或前多後少施入。

表6-1-11　生產1 000kg柑橘秋冬季基肥期每畝肥料施用量

肥料類型	化學肥料用量（kg）	備註
尿素（N，46%）	2.33	每畝須配合施用2 000~3 000kg優質堆肥或500~1 000kg商品有機肥
磷酸一銨（工業級；N，11.5%；P$_2$O$_5$，60.5%）	1.65	
硝酸鉀（一等級，晶體；N，13.5%；K$_2$O，46%）	4.30	

（2）萌芽-開花期肥料施用方法及用量　化學肥料的施入均透過水肥一體化系統注入。

表6-1-12提供了本時期生產1 000kg柑橘需要補充的化學肥料用量，也可以每生產1 000kg柑橘施用氮、磷、鉀含量接近14-5-5的複合肥20kg。具體肥料畝用量根據果園產量按倍數計算。全部肥料分2~3次施入，每次肥料用量均衡施入或前少後多施入。

表6-1-12　生產1 000kg柑橘萌芽-開花期每畝肥料施用量

肥料類型	化學肥料用量（kg）
硝酸銨鈣（N，15%；Ca，18%）	15.87

第六章　常綠果樹施肥管理方案

(續)

肥料類型	化學肥料用量（kg）
磷酸一銨（工業級；N，11.5％；P_2O_5，60.5％）	1.65
硝酸鉀（一等級，晶體；N，13.5％；K_2O，46％）	1.43

（3）幼果膨大期肥料施用方法及用量　化學肥料的施入均透過水肥一體化系統注入。

表 6-1-13 提供了本時期生產 1 000kg 柑橘需要補充的化學肥料用量，也可以每生產 1 000kg 柑橘施用氮、磷、鉀含量接近 25-5-9 的複合肥 15kg。具體肥料畝用量根據果園產量按倍數計算。全部肥料分 2～3 次施入，每次肥料用量均衡施入或前多後少施入。

表 6-1-13　生產 1 000kg 柑橘幼果膨大期每畝肥料施用量

肥料類型	化學肥料用量（kg）
尿素（N，46％）	7.04
磷酸一銨（工業級；N，11.5％；P_2O_5，60.5％）	0.41
硝酸鉀（一等級，晶體；N，13.5％；K_2O，46％）	2.87

（4）果實膨大-轉色期肥料施用方法及用量　化學肥料的施入均透過水肥一體化系統注入。

表 6-1-14 提供了本時期生產 1 000kg 柑橘需要補充的化學肥料用量，也可以每生產 1 000kg 柑橘施用養分含量接近 14-5-40 的複合肥 6.6kg。具體肥料畝用量根據果園產量按倍數計算。全部肥料分 3～4 次施入，每次肥料用量均衡施入或前多後少施入。

表 6-1-14　生產 1 000kg 柑橘果實膨大-轉色期每畝肥料施用量

肥料類型	化學肥料用量（kg）
尿素（N，46％）	2
磷酸二氫鉀（P_2O_5，51.5％；K_2O，34.5％）	7.65

第二節　香蕉施肥管理方案

一、果園週年化學養分施入量的確定

香蕉形成1 000kg經濟產量所需要吸收的N、P_2O_5、K_2O的量分別為5.4kg、1.1kg、20.0kg。在傳統施用方式和中等土壤肥力條件下，考慮到肥料利用率、南方土壤淋失及土壤本身供肥量等因素，將1畝果園每生產1 000kg經濟產量所需要補充的化學養分N、P_2O_5、K_2O量分別定為18.91kg、2.44kg、53.75kg。在此基礎上，將土壤肥力簡單劃分為低、中、高3級，施肥方式設定為傳統施肥和滴灌施肥。土壤肥力判斷不明確的情況下，按照中等肥力進行施用（表6-2-1）。

表6-2-1　生產1 000kg香蕉每畝需要施入的化學養分量

單位：kg

肥力水準/ 有機質（SOM）	傳統施肥 N	傳統施肥 P_2O_5	傳統施肥 K_2O	滴灌施肥 N	滴灌施肥 P_2O_5	滴灌施肥 K_2O
低肥力（SOM<1%）	23.64	3.05	67.19	17.73	2.29	50.39
中等肥力 （1%<SOM<2%）	18.91	2.44	53.75	14.18	1.83	40.31
高肥力 （SOM>2%）	14.18	1.83	40.31	10.64	1.37	30.23

二、施肥時期與次數

傳統施肥方式全年分為4個施肥時期，分別為秋冬季基肥期、壯苗追肥期、壯穗追肥期和壯果追肥期。秋冬季基肥期在11月下旬，施肥次數1次；壯苗追肥期一般3～4次；壯穗追肥期一般2次；壯果追肥期一般2～3次。

滴灌施肥技術是將灌溉技術與配方施肥技術融為一體的新型高

效灌溉施肥技術，可減小土壤鹽鹼化，省肥、節能，對地形適應能力強，是當今最有發展前景的先進灌溉施肥技術之一。香蕉滴灌施肥方式全年分為 7 個施肥時期，分別為秋冬季基肥期、營養生長前期、營養生長後期、花芽分化期、孕蕾-現蕾期、幼果發育期、果實膨大期。施肥總量不變的前提下，遵循「少量多次」的原則，間隔 2～7d 施肥 1 次，全年施肥次數在 18～20 次。

三、不同施肥期氮、磷、鉀肥施用比例

香蕉施肥需要考慮樹體發育、花芽分化、產量、果實品質形成等諸多因素，需根據各物候期香蕉對肥料的需要進行分配（表 6-2-2、表 6-2-3）。

表 6-2-2　傳統施肥方式氮、磷、鉀肥施用比例

肥料	秋冬季基肥時期	壯苗追肥期	壯穗追肥期	壯果追肥期
氮肥	5%	35%	35%	25%
磷肥	70%	10%	10%	10%
鉀肥	5%	25%	35%	35%

表 6-2-3　滴灌施肥方式氮、磷、鉀肥施用比例

肥料	秋冬季施肥期	營養生長前期	營養生長後期	花芽分化期	孕蕾-現蕾期	幼果發育期	果實膨大期
氮肥	5%	15%	5%	10%	25%	30%	10%
磷肥	40%	20%	10%	15%	5%	5%	5%
鉀肥	5%	5%	10%	15%	30%	30%	5%

四、不同施肥期氮、磷、鉀養分施用量

中等肥力條件下，不同施肥期氮、磷、鉀養分施用量見表 6-2-4、表 6-2-5。

表 6-2-4　生產 1 000kg 香蕉傳統施肥方式
每畝養分施用量　　　　　　單位：kg

養分	秋冬季基肥期	壯苗追肥期	壯穗追肥期	壯果追肥期
N	0.95	6.62	6.62	4.73
P_2O_5	1.71	0.24	0.24	0.24
K_2O	2.69	13.44	18.81	18.81

表 6-2-5　生產 1 000kg 香蕉滴灌施肥方式
每畝養分施用量　　　　　　單位：kg

養分	秋冬季施肥期	營養生長前期	營養生長後期	花芽分化期	孕蕾-現蕾期	幼果發育期	果實膨大期
N	0.71	2.13	0.71	1.42	3.55	4.25	1.42
P_2O_5	0.73	0.37	0.18	0.27	0.09	0.09	0.09
K_2O	2.02	2.02	4.03	6.05	12.09	12.09	2.02

五、不同施肥期具體施肥操作

產量、品種、土壤肥力、氣候、施用方式等會導致單位面積香蕉產量有較大差異。為方便大家使用，下面列出單位面積（畝）、單位產量（1 000kg）的肥料投入量。具體施用時，可以此為依據進行簡單計算得出。

1. 傳統施肥方式

（1）秋冬季基肥期肥料施用方法及用量　秋冬季肥料施用時，採用條溝施肥，即對沿行間的香蕉樹冠外圍挖溝施肥，溝寬 30cm、深 40cm 左右。每年交換位置。施肥時將有機肥與各類化肥一同施入，與土混勻覆蓋後，及時灌水。

表 6-2-6 提供了本時期生產 1 000kg 香蕉需要補充的化學肥料用量，也可以每生產 1 000kg 香蕉施用氮、磷、鉀含量接近 10-17-26 的複合肥 10kg。具體肥料畝用量根據果園產量按倍數計算，施用時按照株行距換算成單株或單行用量進行施用。

第六章 常綠果樹施肥管理方案

表 6-2-6　生產 1 000kg 香蕉秋冬季基肥期每畝肥料施用量

肥料類型	化學肥料用量（kg）	備注
15-15-15 複合肥	11.40	每畝須配合施用 2 000～4 000kg 優質堆肥，或 1 000～1 500kg 商品有機肥
農用硫酸鉀（K_2O，50%）	1.96	

（2）壯苗追肥期肥料施用方法及用量　壯苗追肥期肥料類型主要以化學肥料為主，可採用溝施或穴施，開溝或挖穴的深度和寬度可以在 15～20cm，也可以撒施。各類肥料與土混勻覆蓋後，及時灌水。

表 6-2-7 提供了本時期生產 1 000kg 香蕉需要補充的化學肥料用量，也可以每生產 1 000kg 香蕉施用氮、磷、鉀含量接近 30-2-50 的複合肥 20kg。具體肥料畝用量根據果園產量按倍數計算，施用時按照株行距換算成單株或單行用量進行施用。

表 6-2-7　生產 1 000kg 香蕉壯苗追肥期每畝肥料施用量

肥料類型	化學肥料用量（kg）
硝酸銨鈣（N，15%；Ca，18%）	42.53
15-15-15 複合肥	1.60
農用硫酸鉀（K_2O，50%）	26.4

（3）壯穗追肥期肥料施用方法及用量　施用方法與壯苗追肥期相同。

表 6-2-8 提供了本時期生產 1 000kg 香蕉需要補充的化學肥料用量，也可以每生產 1 000kg 香蕉施用氮、磷、鉀含量接近 22-2-42 的複合肥 30kg。具體肥料畝用量根據果園產量按倍數計算，施用時按照株行距換算成單株或單行用量進行施用。

表 6-2-8　生產 1 000kg 香蕉壯穗追肥期每畝肥料施用量

肥料類型	化學肥料用量（kg）
尿素（N，46%）	13.87
15-15-15 複合肥	1.60

（續）

肥料類型	化學肥料用量（kg）
農用硫酸鉀（K₂O，50%）	37.14

（4）壯果追肥期肥料投入量及施肥方法　施用方法與壯苗追肥期相同。

表6-2-9提供了本時期生產1 000kg香蕉需要補充的化學肥料用量，也可以每生產1 000kg香蕉施用氮、磷、鉀含量接近10-5-42的複合肥30kg。具體肥料畝用量根據果園產量按倍數計算，施用時按照株行距換算成單株或單行用量進行施用。

表6-2-9　生產1 000kg香蕉壯果追肥期每畝肥料施用量

肥料類型	化學肥料用量（kg）
尿素（N，46%）	9.76
15-15-15複合肥	1.60
農用硫酸鉀（K₂O，50%）	37.14

2. 滴灌施肥方式

（1）秋冬季基肥期肥料施用方法及用量　有機肥的施用參照傳統施肥方式開溝施用。化肥的施用透過滴灌系統注入。

表6-2-10提供了本時期生產1 000kg香蕉需要補充的化學肥料用量，也可以每生產1 000kg香蕉施用氮、磷、鉀含量接近7-7-20的複合肥10kg。具體肥料畝用量根據果園產量按倍數計算。

表6-2-10　生產1 000kg香蕉秋冬季基肥期每畝肥料施用量

肥料類型	化學肥料用量（kg）	備註
尿素（N，46%）	0	每畝須配合施用2 000～4 000kg優質堆肥，或1 000～1 500kg商品有機肥
磷酸一銨（工業級；N，11.5%；P₂O₅，60.5%）	1.2	
硝酸鉀（一等級；晶體；N，13.5%；K₂O，46%）	4.39	

(2) 營養生長前期肥料施用方法及用量　化學肥料的施入均透過滴灌系統注入。

表6-2-11提供了本時期生產1 000kg香蕉需要補充的化學肥料用量，也可以每生產1 000kg香蕉施用氮、磷、鉀含量接近21-4-20的複合肥10kg。具體肥料畝用量根據果園產量按倍數計算。全部肥料分2～3次施入，每次肥料用量均衡施入或前少後多施入。

表6-2-11　生產1 000kg香蕉營養生長前期每畝肥料施用量

肥料類型	化學肥料用量（kg）
硝酸銨鈣（N，15%；Ca，18%）	9.33
磷酸一銨（工業級；N，11.5%；P_2O_5，60.5%）	0.61
硝酸鉀（一等級，晶體；N，13.5%；K_2O，46%）	4.39

(3) 營養生長後期肥料施用方法及用量　化學肥料的施入均透過滴灌系統注入。

表6-2-12提供了本時期生產1 000kg香蕉需要補充的化學肥料用量，也可以每生產1 000kg香蕉施用氮、磷、鉀含量接近7-3-40的複合肥10kg。具體肥料畝用量根據果園產量按倍數計算。全部肥料分2～3次施入，每次肥料用量均衡施入或前多後少施入。

表6-2-12　生產1 000kg香蕉營養生長後期每畝肥料施用量

肥料類型	化學肥料用量（kg）
磷酸一銨（工業級；N，11.5%；P_2O_5，60.5%）	0.30
硝酸鉀（一等級，晶體；N，13.5%；K_2O，46%）	8.76

(4) 花芽分化期肥料施用方法及用量　化學肥料的施入均透過滴灌系統注入。

表6-2-13提供了本時期生產1 000kg香蕉需要補充的化學肥料用量，也可以每生產1 000kg香蕉施用養分含量接近14-10-42的複合肥10kg。具體肥料畝用量根據果園產量按倍數計算。全部肥料分2～3次施入，每次肥料用量均衡施入或前多後少施入。

表 6-2-13　生產 1 000kg 香蕉花芽分化期每畝肥料施用量

肥料類型	化學肥料用量（kg）
磷酸一銨（工業級；N, 11.5%；P_2O_5, 60.5%）	0.45
硝酸鉀（一等級，晶體；N, 13.5%；K_2O, 46%）	13.11

（5）孕蕾-現蕾期肥料施用方法及用量　化學肥料的施入均透過滴灌系統注入。

表 6-2-14 提供了本時期生產 1 000kg 香蕉需要補充的化學肥料用量，也可以每生產 1 000kg 香蕉施用氮、磷、鉀含量接近 12-10-42 的複合肥 10kg。具體肥料畝用量根據果園產量按倍數計算。全部肥料分 2~3 次施入，每次肥料用量均衡施入或前多後少施入。

表 6-2-14　生產 1 000kg 香蕉孕蕾-現蕾期每畝肥料施用量

肥料類型	化學肥料用量（kg）
磷酸一銨（工業級；N, 11.5%；P_2O_5, 60.5%）	0.15
硝酸鉀（一等級，晶體；N, 13.5%；K_2O, 46%）	26.28

（6）幼果發育期肥料施用方法及用量　化學肥料的施入均透過滴灌系統注入。

表 6-2-15 提供了本時期生產 1 000kg 香蕉需要補充的化學肥料用量，也可以每生產 1 000kg 香蕉施用氮、磷、鉀含量接近 20-1-42 的複合肥 20kg。具體肥料畝用量根據果園產量按倍數計算。全部肥料分 2~3 次施入，每次肥料用量均衡施入或前多後少施入。

表 6-2-15　生產 1 000kg 香蕉幼果發育期每畝肥料施用量

肥料類型	化學肥料用量（kg）
尿素（N, 46%）	9.24
磷酸二氫鉀（P_2O_5, 51.5%；K_2O, 34.5%）	35.04

（7）果實膨大期肥料施用方法及用量　化學肥料的施入均透過水肥一體化系統注入。

表 6-2-16 提供了本時期生產 1 000kg 香蕉需要補充的化學肥料用量，也可以每生產 1 000kg 香蕉施用氮、磷、鉀含量接近 14-2-20 的複合肥 10kg。具體肥料畝用量根據果園產量按倍數計算。全部肥料分 3～4 次施入，每次肥料用量均衡施入或前多後少施入。

表 6-2-16　生產 1 000kg 香蕉果實膨大期每畝肥料施用量

肥料類型	化學肥料用量（kg）
尿素（N，46%）	1.83
硝酸鉀（一等級，晶體；N，13.5%；K_2O，46%）	4.26
磷酸二氫鉀（P_2O_5，51.5%；K_2O，34.5%）	0.17

第三節　鳳梨施肥管理方案

一、果園週年化學養分施入量的確定

鳳梨形成 1 000kg 經濟產量所需要吸收的 N、P_2O_5、K_2O 的量分別為 6 kg、2 kg、12 kg。在傳統施肥方式和中等土壤肥力條件下，考慮到肥料利用率及土壤本身供肥量等因素，將鳳梨園每生產 2 000kg 經濟產量每畝果園所需要補充的化學養分 N、P_2O_5、K_2O 施入量分別定為 30 kg、12 kg、50 kg。在此基礎上，將土壤肥力簡單劃分為低、中、高 3 級，施肥方式設定為傳統施肥和水肥一體化施肥。土壤肥力判斷不明確的情況下，按照中等肥力進行施用（表 6-3-1）。

表 6-3-1　生產 2 000kg 鳳梨每畝需要施入的化學養分量

單位：kg

肥力水準/ 有機質（SOM）	傳統施肥			水肥一體化		
	N	P_2O_5	K_2O	N	P_2O_5	K_2O
低肥力 (SOM<1%)	40	16	60	30	12	45

(續)

肥力水準/ 有機質（SOM）	傳統施肥			水肥一體化		
	N	P_2O_5	K_2O	N	P_2O_5	K_2O
中等肥力（1%＜SOM＜2%）	30	12	50	24	9	40
高肥力（SOM＞2%）	20	8	40	16	8	30

二、施肥時期與次數

鳳梨從定植至收穫第一造果，一般需要 15～16 個月。傳統施肥方式分為 5 個施肥時期，分別為基肥、壯苗肥、壯花肥、壯果催芽肥、壯芽肥。

基肥，鳳梨定植時施用，可基本滿足鳳梨 1 年中對養分的需要。基肥以有機肥為主，適當施用一些化肥，以磷肥為主。壯苗肥，鳳梨苗期達 6 個月以上，是形成產量的關鍵時期，根據不同時期，具體分為壯小苗肥、壯中苗肥、壯大苗肥。壯小苗肥從定植到新抽生葉片 10 片左右期間施用，中苗肥從 10 葉期到鳳梨封行期間施用，大苗肥從封行到現紅抽蕾期間施用。壯小苗肥、壯中苗肥以氮肥為主，適當配施鉀肥，追肥 1～3 次，壯大苗肥以鉀肥為主。壯花肥，正造花花芽分化前 1 個月施肥，以鉀肥、磷肥為主，配施氮肥，氮肥用量宜適當控制，若營養過高則會造成人工催花失敗。壯果催芽肥，以高鉀、中氮肥促進果實增大。壯芽肥，果實採收後，施肥量占總施肥量的 5%～10%。

水肥一體化方式也分為同樣 5 個施肥時期，總用肥量要比傳統施肥量低，每個時期施肥總量固定的條件下，每個時期可以增加肥料施用次數 2～3 次，每次間隔 7d 以上。

三、不同施肥期氮、磷、鉀肥施用比例

鳳梨各生育期所需養分不同，應該按其需肥特點進行施肥。鳳梨生長過程中對氮、磷、鉀養分的吸收有 3 個高峰期，第一高峰期

為 10～20 葉期，第二高峰期為 27～45 葉期，第三高峰期為現紅至小果期（表 6-3-2）。

表 6-3-2　氮、磷、鉀肥施用比例

肥料	基肥	壯苗肥	壯花肥	壯果催芽肥	壯芽肥
氮肥	30%	30%	10%	20%	10%
磷肥	60%	10%	15%	10%	5%
鉀肥	10%	20%	20%	45%	5%

四、不同施肥期氮、磷、鉀養分施用量

中等肥力條件下，不同施肥期氮、磷、鉀養分施用量見表 6-3-3、表 6-3-4。

表 6-3-3　生產 2 000kg 鳳梨傳統施肥方式

每畝養分施用量　　　　　　　　　　　單位：kg

養分	基肥	壯苗肥	壯花肥	壯果催芽肥	壯芽肥
N	9	9	3	6	3
P_2O_5	7.2	1.2	1.8	1.2	0.6
K_2O	5	10	10	22.5	2.5

表 6-3-4　生產 2 000kg 鳳梨水肥一體化方式

每畝養分施用量　　　　　　　　　　　單位：kg

養分	基肥	壯苗肥	壯花肥	壯果催芽肥	壯芽肥
N	7.2	7.2	2.4	4.8	2.4
P_2O_5	5.4	0.9	1.35	0.9	0.45
K_2O	4	8	8	18	2

五、不同施肥期具體施肥操作

品種、種植模式、管理方式會導致單位面積鳳梨產量有較大差

異。為方便大家使用，下面列出單位面積（畝）、產量（2 000kg）的肥料投入量。具體施用時，可以以此為依據進行簡單計算得出。

1. 傳統施肥方式

（1）基肥施用方法及用量　基肥以有機肥為主，適當施用氮、磷、鉀肥料，以磷肥為主，可將整個種植期一半以上的磷肥在基肥中施用，過磷酸鈣或磷礦粉與有機肥混合堆腐後施用，鈣鎂磷肥則需要在臨施肥前與有機肥混合施入或者單獨施入。氮肥多選擇尿素，鉀肥可以用硫酸鉀。其中氮素可投入整個種植期氮素的30%，磷素可投入整個種植期磷素的60%，鉀素可投入整個種植期鉀素的10%。

基肥可採用條施的方法施在定植行內，肥料施入後覆土，有利於根系吸收養分，促進根系生長。

表6-3-5提供了本時期畝產2 000kg鳳梨需要補充的化學肥料用量。具體肥料畝用量根據果園產量按倍數計算，施用時按照株行距換算成單株或單行用量進行施用。

表6-3-5　生產2 000kg鳳梨基肥每畝施用量

肥料類型	化學肥料用量（kg）	備註
尿素（N, 46%）	9	每畝須配合施用
15-15-15複合肥	33	2 000kg優質堆肥或500～
過磷酸鈣	14	1 000kg商品有機肥

（2）壯苗肥施用方法及用量　鳳梨壯苗肥以氮素為主，適當配施鉀素，其中氮素可投入整個種植期氮素的30%，磷素可投入整個種植期磷素的10%，鉀素可投入整個種植期鉀素的10%，根據不同時期又可分為壯小苗肥、壯中苗肥、壯大苗肥。施用方法可採用行內條施，肥料施入後覆土。

表6-3-6提供了本時期生產2 000kg鳳梨需要補充的化學肥料用量。具體肥料畝用量根據果園產量按倍數計算，施用時按照株行距換算成單行用量進行施用。

表 6-3-6　生產 2 000kg 壯苗肥每畝施用量

肥料類型	化學肥料用量（kg）
尿素	17
15-15-15 複合肥	8
農用硫酸鉀（K_2O，50%）	18

（3）壯花肥施用方法及用量　花期肥料在正造花芽分化前 1 個月施用，以鉀素、磷素為主，配施氮素。氮素用量宜適當控制，若營養過高則會造成人工催花失敗。其中氮素可投入整個種植期氮素的 10%，磷素可投入整個種植期磷素的 15%，鉀素可投入整個種植期鉀素的 20%。施用方法可採用行內條施，肥料施入後覆土。

表 6-3-7 提供了本時期生產 2 000kg 鳳梨需要補充的化學肥料用量。具體肥料畝用量根據果園產量按倍數計算，施用時按照株行距換算成單行用量進行施用。

表 6-3-7　生產 2 000kg 鳳梨壯花肥每畝施用量

肥料類型	化學肥料用量（kg）
尿素（N，46%）	3
15-15-15 複合肥	12
農用硫酸鉀（K_2O，50%）	17

（4）壯果催芽肥施用方法及用量　壯果催芽肥在鳳梨謝花後果實迅速膨大期施肥，肥料以高量鉀、中量氮為主，其中氮素可投入整個種植期氮素的 20%，磷素可投入整個種植期磷素的 10%，鉀素可投入整個種植期鉀素的 45%。施用方法可採用行內條施，肥料施入後覆土。

表 6-3-8 提供了本時期生產 2 000kg 鳳梨需要補充的化學肥料用量。具體肥料畝用量根據果園產量按倍數計算，施用時按照株

行距換算成單行用量進行施用。

表6-3-8　生產2 000kg鳳梨壯果催芽肥每畝施用量

肥料類型	化學肥料用量（kg）
尿素（N，46%）	11
15-15-15複合肥	8
農用硫酸鉀（K_2O，50%）	43

（5）壯芽肥施用方法及用量　果實採後吸芽、托芽需要生長，為下造果提供健壯的母株，其中氮素可投入整個種植期氮素的10%，磷素可投入整個種植期磷素的5%，鉀素可投入整個種植期鉀素的5%。施用方法可採用淋施1～2次。

表6-3-9提供了本時期生產2 000kg鳳梨需要補充的化學肥料用量。具體肥料畝用量根據果園產量按倍數計算，施用時按照株行距換算成單行用量進行施用。

表6-3-9　生產2 000kg鳳梨壯芽肥每畝施用量

肥料類型	化學肥料用量（kg）
尿素（N，46%）	6
15-15-15複合肥	4
農用硫酸鉀（K_2O，50%）	4

2. 水肥一體化方式

（1）基肥施用方法及用量　有機肥的施用量及施肥方法參照傳統施肥方式開溝施用，化肥投入比例參照傳統施肥方式。化肥的施用透過水肥一體化系統注入。

表6-3-10提供了本時期生產2 000kg鳳梨需要補充的化學肥料用量。具體肥料畝用量根據果園產量按倍數計算。全部肥料分3～4次施入，每次肥料用量均衡施入或前多後少施入。

表 6-3-10　生產 2 000kg 鳳梨基肥每畝施用量

肥料類型	化學肥料用量（kg）	備注
磷酸一銨（工業級；N，11.5%；P_2O_5，60.5%）	13	每畝須配合施用 2 000kg 優質堆肥或 500～1 000kg 商品有機肥
硝酸鉀（一等級，晶體；N，13.5%；K_2O，46%）	9	

（2）壯苗肥施用方法及用量　鳳梨壯苗肥以氮素為主，氮、磷、鉀投入比例參照傳統施肥方式。化學肥料的施入均透過水肥一體化系統注入。

表 6-3-11 提供了本時期生產 2 000kg 鳳梨需要補充的化學肥料用量。具體肥料畝用量根據果園產量按倍數計算。全部肥料分多次施入，每次肥料用量均衡施入或前少後多施入。

表 6-3-11　生產 2 000kg 鳳梨壯苗肥每畝施用量

肥料類型	化學肥料用量（kg）
尿素（N，46%）	10
磷酸一銨（工業級；N，11.5%；P_2O_5，60.5%）	2
硝酸鉀（一等級，晶體；N，13.5%；K_2O，46%）	18

（3）壯花肥施用方法及用量　氮、磷、鉀肥投入比例參照傳統施肥方式，化學肥料的施入均透過水肥一體化系統注入。

表 6-3-12 提供了本時期生產 2 000kg 鳳梨需要補充的化學肥料用量。具體肥料畝用量根據果園產量按倍數計算。全部肥料分 2～3 次施入，每次肥料用量均衡施入或前多後少施入。

表 6-3-12　生產 2 000kg 鳳梨壯花肥每畝施用量

肥料類型	化學肥料用量（kg）
磷酸一銨（工業級；N，11.5%；P_2O_5，60.5%）	1.53
硝酸鉀（一等級，晶體；N，13.5%；K_2O，46%）	183.5

（4）壯果催芽肥施用方法及用量　氮、磷、鉀投入比例參照傳

統施肥方式，化學肥料的施入均透過水肥一體化系統注入。

表 6-3-13 提供了本時期生產 2 000kg 鳳梨需要補充的化學肥料用量。具體肥料畝用量根據果園產量按倍數計算。全部肥料分 2～3 次施入，每次肥料用量均衡施入或前多後少施入。

表 6-3-13　生產 2 000kg 鳳梨壯果催芽肥每畝施用量

肥料類型	化學肥料用量（kg）
磷酸一銨（工業級；N, 11.5%；P_2O_5, 60.5%）	2
硝酸鉀（一等級，晶體；N, 13.5%；K_2O, 46%）	40

（5）壯芽肥施用方法及用量　壯芽肥氮、磷、鉀投入比例參照傳統施肥方式，化學肥料的施入均透過水肥一體化系統注入。

表 6-3-14 提供了本時期生產 2 000kg 鳳梨需要補充的化學肥料用量。具體肥料畝用量根據果園產量按倍數計算。全部肥料分 2～3 次施入，每次肥料用量均衡施入或前多後少施入。

表 6-3-14　生產 2 000kg 鳳梨壯芽肥每畝施用量

肥料類型	化學肥料用量（kg）
尿素	4
磷酸一銨（工業級；N, 11.5%；P_2O_5, 60.5%）	1
硝酸鉀（一等級，晶體；N, 13.5%；K_2O, 46%）	5

第四節　火龍果施肥管理方案

一、果園週年化學養分施入量的確定

火龍果大部分是仙人掌科量天尺屬植物，多年生攀緣性多肉植物，多生長在熱帶、亞熱帶地區。火龍果植株無主根，側根大量分布在淺表土層，同時有很多氣生根，可攀緣生長。莖枝條多為深綠

色或者墨綠色，粗壯，一般長3～15m，粗為3～8cm，枝條多為三棱形。葉片退化，由莖稈承擔光合作用。

在傳統施用方式和中等土壤肥力條件下，考慮到肥料利用率及土壤本身供肥量等因素，1畝火龍果園生產2 000kg經濟產量所需要補充的化學養分N、P_2O_5、K_2O量分別定為30 kg、15 kg、50 kg。在此基礎上，將土壤肥力簡單劃分為低、中、高3級，施肥方式設定為傳統施肥和水肥一體化施肥。土壤肥力判斷不明確的情況下，按照中等肥力進行施用（表6-4-1）。

表6-4-1 生產2 000kg火龍果每畝需要施入的化學養分量

單位：kg

肥力水準/ 有機質（SOM）	傳統施肥			水肥一體化		
	N	P_2O_5	K_2O	N	P_2O_5	K_2O
低肥力 （SOM<1%）	35	20	60	28	16	45
中等肥力 （1%<SOM<2%）	30	15	50	24	12	40
高肥力 （SOM>2%）	25	10	40	20	8	30

二、施肥時期與次數

火龍果需肥量較大，種植前基肥要足夠，因其根系對鹽分含量較為敏感，當鹽分濃度大於0.3%時，便會發生反滲透現象，從而影響根系的正常生長，因此，火龍果施肥原則為基肥充足、追肥少量多次。非結果植株施肥以營養生長為主，以氮肥為主，磷肥為輔，適當增施鉀肥，種植前施有機肥，定植苗發芽後開始追肥，每間隔20d左右追肥1次，以促進植株生長。結果植株施肥按照基肥、營養生長期、開花期、果實成熟期幾個時期進行施肥，每個時期又分為少量多次施用，因此火龍果推薦施肥方式是基肥有機肥直接施用，追肥以水肥一體化為主，液體化肥和胺基酸等液體有機肥配合施用。

三、不同施肥期氮、磷、鉀肥施用比例

火龍果各生育期所需養分不同，應該按其需肥特點進行施肥。傳統施肥方式分為基肥、壯梢肥、壯花肥、壯果肥，共4個施肥時期，水肥一體化方式施肥每個時期可以增加肥料施用次數，每次間隔7d以上（表6-4-2）。

表6-4-2　氮、磷、鉀肥施用比例

肥料	基肥	壯梢肥	壯花肥	壯果肥
氮肥	30%	20%	20%	30%
磷肥	50%	10%	15%	25%
鉀肥	15%	20%	20%	45%

四、不同施肥期氮、磷、鉀養分施用量

中等肥力條件下，不同施肥方式下氮、磷、鉀肥施用量見表6-4-3、表6-4-4。

表6-4-3　生產2 000kg火龍果傳統施肥方式每畝養分施用量　　　　單位：kg

養分	基肥	壯梢肥	壯花肥	壯果肥
N	9	6	6	9
P_2O_5	7.5	1.5	2.5	3.5
K_2O	7.5	10	10	22.5

表6-4-4　生產2 000kg火龍果水肥一體化方式每畝養分施用量　　　　單位：kg

養分	基肥	壯梢肥	壯花肥	壯果肥
N	9	3	4.8	7.2
P_2O_5	7.5	0.5	2	2

(續)

養分	基肥	壯梢肥	壯花肥	壯果肥
K_2O	7.5	6.5	8	18

五、不同施肥期具體施肥操作

品種、種植模式、管理方式會導致單位面積火龍果產量有較大差異。為方便大家使用，下面列出單位面積（畝）、產量（2 000kg）的肥料投入量。具體施用時，可以此為依據進行簡單計算得出。

1. 傳統施肥方式

（1）基肥施用方法及用量　基肥以有機肥為主，商品有機肥或者微生物有機肥施用量為每畝2 000kg。

（2）壯梢肥施用方法及用量　火龍果壯梢肥以鉀素、氮素為主，其中鉀素、氮素可投入整個種植期的20％，磷素可投入整個種植期的10％。

表6-4-5提供了本時期生產2 000kg火龍果需要補充的化學肥料用量。具體肥料畝用量根據果園產量按倍數計算，施用時按照株行距換算成單行用量進行施用。

表6-4-5　生產2 000kg火龍果壯梢肥每畝施用量

肥料類型	化學肥料用量（kg）
尿素	7.2
磷酸二氫鉀	2.8
硝酸鉀	19.4

（3）壯花肥施用方法及用量　壯花肥以鉀素、氮素為主，配施磷素，氮素用量宜適當控制。其中氮素可投入整個種植期氮素的20％，磷素可投入整個種植期磷素的15％，鉀素可投入整個種植期鉀素的20％。

表6-4-6提供了本時期生產2 000kg火龍果需要補充的化學

肥料用量。具體肥料畝用量根據果園產量按倍數計算，施用時按照株行距換算成單行用量進行施用。

表 6-4-6　生產 2 000kg 火龍果壯花肥每畝施用量

肥料類型	化學肥料用量（kg）
尿素	7.6
磷酸二氫鉀	4.8
硝酸鉀	18.0

（4）壯果肥施用方法及用量　壯果肥以高量鉀為主，其中氮素可投入整個種植期氮素的 30%，磷素可投入整個種植期磷素的 25%，鉀素可投入整個種植期鉀素的 45%。

表 6-4-7 提供了本時期生產 2 000kg 火龍果需要補充的化學肥料用量。具體肥料畝用量根據果園產量按倍數計算，施用時按照株行距換算成單行用量進行施用。

表 6-4-7　生產 2 000kg 火龍果壯果肥每畝施用量

肥料類型	化學肥料用量（kg）
尿素	6.5
磷酸二氫鉀	6.7
硝酸鉀	43.5

2. 水肥一體化方式

（1）基肥施用方法及用量　有機肥的施用量參照傳統施肥施用。

（2）壯梢肥施用方法及用量　火龍果壯梢肥以氮素、鉀素為主，肥料的施入均透過水肥一體化系統注入。

表 6-4-8 提供了本時期生產 2 000kg 火龍果需要補充的化學肥料用量。具體肥料畝用量根據果園產量按倍數計算。全部肥料分多次施入，每次肥料用量均衡施入或前少後多施入。

表6-4-8　生產2 000kg火龍果壯梢肥每畝施用量

肥料類型	化學肥料用量（kg）
尿素	2.5
磷酸二氫鉀	1.0
硝酸鉀	13.3

（3）壯花肥施用方法及用量　花期肥料以鉀素、氮素為主，肥料的施入均透過水肥一體化系統注入。

表6-4-9提供了本時期生產2 000kg火龍果需要補充的化學肥料用量。具體肥料畝用量根據果園產量按倍數計算。全部肥料分2～3次施入，每次肥料用量均衡施入或前多後少施入。

表6-4-9　生產2 000kg火龍果壯花肥每畝施用量

肥料類型	化學肥料用量（kg）
尿素	2.5
磷酸二氫鉀	1.0
硝酸鉀	13.3

（4）壯果肥施用方法及用量　氮、磷、鉀投入比例參照傳統施肥方式，化學肥料的施入均透過水肥一體化系統注入。

表6-4-10提供了本時期生產2 000kg火龍果需要補充的化學肥料用量。具體肥料畝用量根據果園產量按倍數計算。全部肥料分2～3次施入，每次肥料用量均衡施入或前多後少施入。

表6-4-10　生產2 000kg火龍果壯果肥每畝施用量

肥料類型	化學肥料用量（kg）
尿素	4.8
磷酸二氫鉀	3.8
硝酸鉀	35.9

第五節 奇異果施肥管理方案

奇異果為木蘭綱（被子植物綱），杜鵑花目，獼猴桃科植物。中國奇異果種植面積和產量均占世界一半以上，陝西省分布最多，其次為四川、河南、江西、湖南等省份。

一、果園週年化學養分施入量的確定

奇異果每株每年因修剪和採果所損失的主要營養有 N 196.2g、P 24.49g、K 253.1g，遠高於蘋果、梨、葡萄等其他果樹。年產 40t/hm² 奇異果的樹全年生物量累積為 20.23t/hm²，共吸收 N 216.8kg/hm²，P 37.0kg/hm²，K 167.9kg/hm²。每生產 1 000kg 奇異果，需要吸收純 N、P、K 分別為 5.40kg、0.92kg、0.42kg，折算為 N、P_2O_5、K_2O 分別為 0.54kg、0.21kg、0.50kg，比例為 1：0.4：0.9。

在傳統施用方式和中等土壤肥力條件下，考慮到肥料利用率及土壤本身供肥量等因素，將 1 畝奇異果園生產 2 000kg 經濟產量所需要補充的化學養分 N、P_2O_5、K_2O 量分別定為 25kg、15kg、20kg。在此基礎上，將土壤肥力簡單劃分為低、中、高 3 級，施肥方式設定為傳統施肥和水肥一體化施肥。土壤肥力判斷不明確的情況下，按照中等肥力進行施用（表 6-5-1）。

表 6-5-1　生產 2 000kg 奇異果每畝需要施入的化學養分量

單位：kg

肥力水準/ 有機質（SOM）	傳統施肥			水肥一體化		
	N	P_2O_5	K_2O	N	P_2O_5	K_2O
低肥力 （SOM<1%）	30	20	25	24	16	20
中等肥力 （1%<SOM<2%）	25	15	20	20	12	16

（續）

肥力水準/	傳統施肥			水肥一體化		
有機質（SOM）	N	P_2O_5	K_2O	N	P_2O_5	K_2O
高肥力 (SOM＞2%)	20	10	15	16	8	12

二、施肥時期與次數

一個生長週期中奇異果根系有 2 個生長高峰期，6 月和 9 月；新梢有 2 個生長高峰 4～6 月和 8 月；莖在 5～11 月成長較快；葉在 3～5 月成長量較大，9～11 月又有大幅度的成長；果實生長迅速生長期為 5～7 月。

奇異果各生育期所需養分不同，應該按其需肥特點進行施肥。傳統施肥方式分為基肥、壯花肥、壯果肥，共 3 個施肥時期，奇異果施肥關鍵期有 2 個，秋季基肥、果實膨大前期。秋季基肥需要滿足收穫期到坐果期的養分吸收（養分吸收比例在 30% 以下、氮肥僅 15% 左右），果實膨大前期施肥主要滿足果實生長始期到果實迅速膨大末期這段養分吸收高峰期的需要（氮、磷、鉀量分別達全年總吸收量的 53.13%、55.40% 和 52.76%）。

水肥一體化方式可以將施肥時期分為採果肥（基肥）、萌芽肥、花前肥、謝花肥、壯果肥 5 個時期，每個時期可以根據需要分多次施肥。喜肥怕燒、喜水怕澇，因此，適合用水肥一體化方式，開展少量多次的水肥管理模式。

三、不同施肥期氮、磷、鉀肥施用比例

奇異果氮、磷、鉀肥施用比例見表 6-5-2。

表 6-5-2　氮、磷、鉀肥施用比例

肥料	基肥	壯花肥	壯果肥
氮肥	20%	20%	60%

（續）

肥料	基肥	壯花肥	壯果肥
磷肥	30%	15%	55%
鉀肥	20%	20%	60%

四、不同施肥期氮、磷、鉀養分施用量

中等肥力條件下，不同施肥期氮、磷、鉀養分施用量見表 6-5-3、表 6-5-4。

表 6-5-3　生產 2 000kg 奇異果傳統施肥方式
　　　　每畝養分施用量　　　　　　　　　　單位：kg

養分	基肥	壯花肥	壯果肥
N	5.00	5.00	15.00
P_2O_5	4.50	2.25	8.25
K_2O	4.00	4.00	12.00

表 6-5-4　生產 2 000kg 奇異果水肥一體化方式
　　　　每畝養分施用量　　　　　　　　　　單位：kg

養分	基肥	萌芽肥	花前肥	謝花肥	壯果肥
N	4.00	2.00	2.00	2.00	15.00
P_2O_5	2.25	1.50	1.50	1.50	8.25
K_2O	2.00	2.00	2.00	2.00	12.00

五、不同施肥期具體施肥操作

品種、種植模式、管理方式會導致單位面積奇異果產量有較大差異。為方便大家使用，下面列出單位面積（畝）、產量（2 000kg）的肥料投入。具體施用時，可以此為依據進行簡單計算得出。

1. 傳統施肥方式

（1）基肥施用方法及用量　基肥以有機肥為主，少量化肥為輔，商品有機肥或者微生物有機肥施用量為每畝2 000kg（表6-5-5）。

表6-5-5　生產2 000kg奇異果基肥每畝施用量

肥料類型	化學肥料用量（kg）
尿素	10.18
磷酸二氫鉀	8.65
硝酸鉀	2.28

（2）壯花肥施用方法及用量　奇異果壯花肥以補充少量氮、磷、鉀為主，其中鉀素、氮素可投入整個種植期的20％，磷素可投入整個種植期的15％。表6-5-6提供了本時期生產2 000kg奇異果需要補充的化學肥料用量。具體肥料畝用量根據果園產量按倍數計算，施用時按照株行距換算成單行用量進行施用。

表6-5-6　生產2 000kg奇異果壯花肥每畝施用量

肥料類型	化學肥料用量（kg）
尿素	9.23
磷酸二氫鉀	4.33
硝酸鉀	5.46

（3）壯果肥施用方法及用量　壯果肥以氮、鉀素為主，配施磷素，氮素用量宜適當控制。其中氮素可投入整個種植期氮素的60％，磷素可投入整個種植期磷素的55％，鉀素可投入整個種植期鉀素的60％。

表6-5-7提供了本時期生產2 000kg奇異果需要補充的化學肥料用量。具體肥料畝用量根據果園產量按倍數計算，施用時按照株行距換算成單行用量進行施用。

表 6-5-7　生產 2 000kg 奇異果壯果肥每畝施用量

肥料類型	化學肥料用量（kg）
尿素	28.31
磷酸二氫鉀	15.87
硝酸鉀	14.26

2. 水肥一體化方式

（1）基肥施用方法及用量　有機肥的施用量參照傳統施肥施用（表 6-5-8）。

表 6-5-8　生產 2 000kg 奇異果基肥每畝施用量

肥料類型	化學肥料用量（kg）
尿素	10.18
磷酸二氫鉀	8.65
硝酸鉀	2.28

（2）萌芽肥施用方法及用量　奇異果萌芽肥需求量少，肥料的施入均透過水肥一體化系統注入。

表 6-5-9 提供了本時期生產 2 000kg 奇異果需要補充的化學肥料用量。具體肥料畝用量根據果園產量按倍數計算。全部肥料分多次施入，每次肥料用量均衡施入或前少後多施入。

表 6-5-9　生產 2 000kg 奇異果萌芽肥每畝施用量

肥料類型	化學肥料用量（kg）
尿素	3.69
磷酸二氫鉀	2.88
硝酸鉀	2.20

（3）花前肥施用方法及用量　花前肥需求量少，肥料的施入均透過水肥一體化系統注入。

表 6-5-10 提供了本時期生產 2 000kg 奇異果需要補充的化學肥料用量。具體肥料畝用量根據果園產量按倍數計算。全部肥料

可分多次施入，每次肥料用量均衡施入或前多後少施入。

表 6-5-10　生產 2 000kg 奇異果花前肥每畝施用量

肥料類型	化學肥料用量（kg）
尿素	3.69
磷酸二氫鉀	2.88
硝酸鉀	2.20

（4）謝花肥施用方法及用量　謝花肥氮、磷、鉀投入量不大，化學肥料的施入均透過水肥一體化系統注入。

表 6-5-11 提供了本時期生產 2 000kg 奇異果需要補充的化學肥料用量。具體肥料畝用量根據果園產量按倍數計算。全部肥料分多次施入，每次肥料用量均衡施入或前多後少施入。

表 6-5-11　生產 2 000kg 奇異果謝花肥每畝施用量

肥料類型	化學肥料用量（kg）
尿素	3.69
磷酸二氫鉀	2.88
硝酸鉀	2.20

（5）壯果肥施用方法及用量　壯果肥氮、磷、鉀投入量最大，化學肥料的施入均透過水肥一體化系統注入。

表 6-5-12 提供了本時期生產 2 000kg 奇異果需要補充的化學肥料用量。具體肥料畝用量根據果園產量按倍數計算。全部肥料分多次施入，每次肥料用量均衡施入或前多後少施入。

表 6-5-12　生產 2 000kg 奇異果壯果肥每畝施用量

肥料類型	化學肥料用量（kg）
尿素	28.31
磷酸二氫鉀	15.87
硝酸鉀	14.26

第六節 芒果施肥管理方案

芒果為多年生木本果樹，每個結果週期為一年，在一年中果樹可多次萌芽、抽梢，在停止抽梢後開花，進入果實生長時期。芒果生長發育需要16種必需的營養元素，需要吸收大量的氮、磷、鉀、鈣、鎂等，形成1 000kg經濟產量所需要吸收的N、P_2O_5、K_2O的量分別為1.735 kg、0.231 kg、1.974 kg，以及CaO 0.252 kg，MgO 0.228 kg。

一、芒果需肥特點

芒果樹不同生育期葉片和果實對各種養分的吸收量不同，採果後，植株以營養生長為主，大量吸收養分，積累營養物質，迅速恢復樹勢。果實生長發育及養分變化規律可分為3個階段：第一階段，開花稔實至坐果20～25d，為果實緩慢生長期，氮、磷、鉀、鈣、鎂的吸收量分別占果期吸收量的25%、14%、1%、15%、14%；第二階段，坐果後20～60d，為果實迅速生長期，對氮、磷、鉀、鈣、鎂的吸收量分別占果期吸收量的68%、66%、63%、85%、65%，果實迅速膨大；第三階段，果實進入了緩慢生長期，果實對氮、磷、鉀、鈣、鎂的吸收量分別占養分總吸收量的7%、20%、36%、0%、21%（表6-6-1）。

表6-6-1 芒果生長時期特點及養分吸收特點

生長時期	生長特點	養分吸收特點
營養生長	多次萌芽、抽梢	以營養生長為主，大量吸收養分，積累營養物質，迅速恢復樹勢
	開花前	以促進開花為主
果實生長發育	開花稔實至坐果	以坐果為主
	果實迅速生長期	果實生長迅速，需要大量氮、磷、鉀、鈣、鎂養分
	果實緩慢生長期	以提高果實品質為主

通常情況下，按照芒果生長特點和養分吸收特點，將芒果施肥分為4個施肥期，分別為果後壯梢、促花肥、謝花肥、壯果肥，其中果後壯梢肥也叫做果後肥，或者基肥。

二、果園週年化學養分施入量的確定

結果期樹：芒果形成 1 000 kg 經濟產量所需要吸收的 N、P_2O_5、K_2O 的量分別為 1.735 kg、0.231 kg、1.974 kg，以及 CaO 0.252 kg，MgO 0.228 kg。在傳統施肥方式和中等土壤肥力條件下，考慮到肥料利用率、土壤本身供肥量、果農施肥現狀等因素，將 1 畝芒果園生產 1 000kg 經濟產量所需要補充的化學養分 N、P_2O_5、K_2O 施入量分別定為 10 kg、4 kg、12 kg。在此基礎上，將土壤肥力簡單劃分為低、中、高 3 級，施肥方式設定為傳統施肥和水肥一體化施肥，可以根據實際情況進行調整。土壤肥力判斷不明確的情況下，按照中等肥力進行施用（表 6-6-2）。

表 6-6-2 生產 1 000kg 芒果每畝需要施入的化學養分量

單位：kg

肥力水準/ 有機質（SOM）	傳統施肥			水肥一體化		
	N	P_2O_5	K_2O	N	P_2O_5	K_2O
低肥力 （SOM<1%）	12	5	14	9	4	11
中等肥力 （1%<SOM<2%）	10	4	12	8	3	9
高肥力 （SOM>2%）	8	3	10	6	3	8

未結果樹：未結果樹以營養生長為主，建議按照初果期產量（1 000kg）計算氮肥用量，調高磷肥用量，調低鉀肥用量，N、P_2O_5、K_2O 比例按照 2：2：1 施用，即每畝施入化學形態 N、P_2O_5、K_2O 的量分別為 10 kg、10 kg、5 kg。未結果樹施肥按照抽梢次數進行施肥，每次新梢萌發開始施肥，建議分 4 次施用。在此

基礎上將土壤肥力簡單劃分為低、中、高3級，施肥方式設定為傳統施肥和水肥一體化施肥。土壤肥力判斷不明確的情況下，可按照中等肥力進行施用（表6-6-3）。

表6-6-3 未結果樹每畝需要施入的化學養分量

單位：kg

肥力水準/ 有機質（SOM）	傳統施肥 N	傳統施肥 P_2O_5	傳統施肥 K_2O	水肥一體化 N	水肥一體化 P_2O_5	水肥一體化 K_2O
低肥力 （SOM<1%）	12	12	6	9	9	5
中等肥力 （1%<SOM<2%）	10	10	5	8	8	4
高肥力 （SOM>2%）	8	8	4	6	6	3

三、施肥時期與次數

傳統施肥方式全年分為4個施肥時期，分別為果後壯梢肥、促花肥、謝花肥、壯果肥，因芒果種植區緯度、果農對芒果收穫時期的預期不同等，芒果施肥時期以生長階段進行劃分，不宜用時間進行劃分。從芒果開花習性上看，海南多在12月至翌年3月抽生，廣西等大陸地區多在2～4月下旬，隨著技術進步，目前已經可以透過花期調控，達到反季節生產。中國海南省三亞市芒果成熟時間最早，約在春節前後，果後肥在採果、修枝後即可進行施肥，隨著緯度增加，芒果成熟期逐漸後延，則施肥時間進行後延。考慮到傳統施肥通常採用根部施肥，費工費時，施肥效益未能與成本匹配，固每個時期施肥1次。施肥方式採用樹盤滴水線處兩邊開溝、埋施的方式。

水肥一體化方式全年同樣劃分為4個施肥時期，果後壯梢肥、促花肥、謝花肥、壯果肥。施肥總量不變或降低的前提下，根據芒果實際成長情況、當地氣候情況等因素，每個時期施用2～3次，

每次間隔7d以上。全年施肥次數不少於8次。

四、不同施肥期氮、磷、鉀肥施用比例

結果期果樹需要考慮樹體發育、花芽分化、果實品質形成等諸多因素，需根據各物候期果樹對養分的需要進行分配（表6-6-4）。

表6-6-4　傳統施肥方式氮、磷、鉀肥施用比例

肥料	果後壯梢肥	促花肥	謝花肥	壯果肥
氮肥	40%	30%	10%	20%
磷肥	50%	20%	20%	10%
鉀肥	30%	20%	20%	30%

未結果期樹肥料在各物候期均勻分配即可。水肥一體化可以根據果樹長勢等條件增加施肥次數。

五、不同施肥期氮、磷、鉀養分施用量

中等肥力條件下，不同施肥期氮、磷、鉀養分施用量見表6-6-5、表6-6-6。

表6-6-5　生產1 000kg芒果傳統施肥方式
每畝養分施用量　　　　　　　　　　單位：kg

養分	果後壯梢肥	促花肥	謝花肥	壯果肥
N	4	3	1	2
P_2O_5	2	0.8	0.8	0.4
K_2O	3.6	2.4	2.4	3.6

表6-6-6　生產1 000kg芒果水肥一體化方式
每畝養分施用量　　　　　　　　　　單位：kg

養分	果後壯梢肥	促花肥	謝花肥	壯果肥
N	3.2	2.4	0.8	1.6

（續）

養分	果後壯梢肥	促花肥	謝花肥	壯果肥
P_2O_5	1.5	0.6	0.6	0.3
K_2O	2.7	1.8	1.8	2.7

六、不同施肥期具體施肥操作

品種、種植模式、管理方式會導致單位面積芒果產量有較大差異。為方便大家使用，下面列出單位面積（畝）、單位產量（1 000kg）的肥料投入表。具體施用時，可以此為依據進行簡單計算得出。

1. 傳統施肥方式

（1）果後壯梢肥施用方法及用量　果後壯梢肥施用在平坦的果園可以採用機械開平行施肥溝，單側或者雙側均可；在地形地勢比較複雜的果園通常採用人工開溝，可開環形溝或者放射溝，也可在樹四周挖4～6個穴，直徑和深度為30～40cm，每年交換位置。施肥時將有機肥與各類化肥一同施入，與土混勻覆蓋後，及時灌水。

表6-6-7提供了本時期生產1 000kg芒果需要補充的化學肥料用量。具體肥料畝用量根據果園產量按倍數計算，施用時按照株行距換算成單株或單行用量進行施用。

表6-6-7　生產1 000kg芒果果後壯梢肥每畝施用量

肥料類型	化學肥料用量（kg）	備注
尿素（N，46%）	4.4	每畝須配合施用2 000kg優質堆肥，或500～1 000kg商品有機肥
15-15-15複合肥	13.3	
農用硫酸鉀（K_2O，50%）	3.2	

（2）促花肥施用方法及用量　促花肥開溝方式可參照果後壯梢肥，此時肥料類型只有化學肥料，開溝或者穴施的深度和寬度可以在20～30cm。各類肥料與土混勻覆蓋後，及時灌水，當前很多農

戶採用將肥料溶解後澆於樹盤的方法。

表6-6-8提供了本時期生產1 000kg芒果需要補充的化學肥料用量。具體肥料畝用量根據果園產量按倍數計算，施用時按照株行距換算成單株或單行用量進行施用。

表6-6-8　生產1 000kg芒果促花肥每畝施用量

肥料類型	化學肥料用量（kg）
尿素（N，46%）	4.78
15-15-15複合肥	5.33
農用硫酸鉀（K_2O，50%）	3.20

（3）謝花肥施用方法及用量　施用方法與促花肥相同。

表6-6-9提供了本時期生產1 000kg芒果需要補充的化學肥料用量。具體肥料畝用量根據果園產量按倍數計算，施用時按照株行距換算成單株或單行用量進行施用。

表6-6-9　生產1 000kg芒果謝花肥每畝施用量

肥料類型	化學肥料用量（kg）
尿素（N，46%）	0.43
15-15-15複合肥	5.33
農用硫酸鉀（K_2O，50%）	3.20

（4）壯果肥施用方法及用量　施用方法與促花肥相同。

表6-6-10提供了本時期生產1 000kg芒果需要補充的化學肥料用量。具體肥料畝用量根據果園產量按倍數計算，施用時按照株行距換算成單株或單行用量進行施用。

表6-6-10　生產1 000kg芒果壯果肥每畝施用量

肥料類型	化學肥料用量（kg）
尿素（N，46%）	2.61
15-15-15複合肥	2.67

（續）

肥料類型	化學肥料用量（kg）
農用硫酸鉀（K_2O，50%）	6.10

2. 水肥一體化方式

（1）果後壯梢肥投入量及施肥方法　有機肥的施用參照傳統施肥方式進行開溝施用。化肥的施用透過水肥一體化系統注入。

表6-6-11提供了本時期生產1 000kg芒果需要補充的化學肥料用量，也可以施用氮、磷、鉀含量接近16-8-14比例的水溶肥料20 kg。具體肥料畝用量根據果園產量按倍數計算。全部肥料分3~4次施入，每次肥料用量均衡施入或前多後少施入。

表6-6-11　生產1 000kg芒果果後壯梢肥每畝施用量

肥料類型	化學肥料用量（kg）	備注
尿素（N，46%）	3.70	每畝須配合施用2 000kg優質堆肥，或500~1 000kg商品有機肥
15-15-15複合肥	10.00	
農用硫酸鉀（K_2O，50%）	2.40	

（2）促花肥施用方法及用量　化學肥料的施入均透過水肥一體化系統注入。

表6-6-12提供了本時期生產1 000kg芒果需要補充的化學肥料用量，也可以施用氮、磷、鉀含量接近24-5-18比例的水溶肥料10 kg。具體肥料畝用量根據果園產量按倍數計算。全部肥料分2~3次施入，每次肥料用量均衡施入或前少後多施入。

表6-6-12　生產1 000kg芒果促花肥每畝施用量

肥料類型	化學肥料用量（kg）
硝酸銨鈣（N，15%；Ca，18%）	11.85
磷酸一銨（工業級；N，11.5%；P_2O_5，60.5%）	0.83
硝酸鉀（一等級，晶體；N，13.5%；K_2O，46%）	3.91

（3）謝花肥施用方法及用量　化學肥料的施入均透過水肥一體化系統注入。

表6-6-13提供了本時期生產1 000kg芒果需要補充的化學肥料用量，也可以施用氮、磷、鉀含量接近8-6-18比例的水溶肥料10 kg。具體肥料畝用量根據果園產量按倍數計算。全部肥料分2～3次施入，每次肥料用量均衡施入或前多後少施入。

表6-6-13　生產1 000kg芒果謝花肥每畝施用量

肥料類型	化學肥料用量（kg）
尿素（N，46%）	0.35
磷酸一銨（工業級；N，11.5%；P_2O_5，60.5%）	0.99
硝酸鉀（一等級，晶體；N，13.5%；K_2O，46%）	3.91

（4）壯果肥施用方法及用量　化學肥料的施入均透過水肥一體化系統注入。

表6-6-14提供了本時期生產1 000kg芒果需要補充的化學肥料用量，也可以施用養分含量接近16-3-27比例的水溶肥料10 kg。具體肥料畝用量根據果園產量按倍數計算。全部肥料分3～4次施入，每次肥料用量均衡施入或前多後少施入。

表6-6-14　生產1 000kg芒果壯果肥每畝施用量

肥料類型	化學肥料用量（kg）
尿素（N，46%）	1.89
硝酸鉀（一等級，晶體；N，13.5%；K_2O，46%）	5.44
磷酸二氫鉀（P_2O_5，51.5；K_2O，34.5）	0.58

第七節　荔枝、龍眼施肥管理方案

一、果園週年化學養分施入量的確定

荔枝、龍眼每生產100kg鮮果所需要吸收的N、P_2O_5、K_2O

的量分別為1.5kg、0.8kg、2kg。在傳統施肥方式和中等土壤肥力條件下，考慮到肥料利用率及土壤本身供肥量等因素，將1畝果園生產100kg荔枝、龍眼鮮果，所需要補充的化學養分N、P_2O_5、K_2O施入量分別定為3kg、2kg、4kg。在此基礎上，將土壤肥力簡單劃分為低、中、高3級，施肥方式設定為傳統施肥和水肥一體化施肥。土壤肥力判斷不明確的情況下，按照中等肥力進行施用（表6-7-1）。

表6-7-1 生產100kg鮮果每畝需要施入的化學養分量

單位：kg

肥力水準/ 有機質（SOM）	傳統施肥			水肥一體化		
	N	P_2O_5	K_2O	N	P_2O_5	K_2O
低肥力 （SOM<1%）	3.75	2.50	5	2.80	1.10	3.75
中等肥力 （1%<SOM<2%）	3	2	4	2.25	1.50	3
高肥力 （SOM>2%）	2.25	1.50	3	1.70	1.80	2.25

二、施肥時期與次數

傳統施肥方式全年分為3個施肥時期，分別為採後追肥期、花前追肥期和壯果追肥期，考慮到傳統施肥較為費工費時，每個時期施肥1次。

水肥一體化方式全年分為4個施肥時期，分別為採後追肥期、花前追肥期、謝花追肥期和壯果追肥期。施肥總量不變的前提下，採後肥分3次滴施，在花前及謝花後各滴施1次肥料，壯果肥分2次滴施，合計滴施7次。

三、不同施肥期氮、磷、鉀肥施用比例

荔枝、龍眼果樹需要考慮樹體發育、花芽分化、果實品質形成等諸多因素，肥料運籌也需根據各物候期果樹對養分的需要進行分配（表6-7-2、表6-7-3）。

表 6-7-2　傳統施肥方式氮、磷、鉀肥施用比例

肥料	採後追肥期	花前追肥期	壯果追肥期
氮肥	50%	20%	30%
磷肥	30%	50%	20%
鉀肥	20%	30%	50%

表 6-7-3　水肥一體化方式氮、磷、鉀肥施用比例

肥料	採後追肥期	花前追肥期	謝花追肥期	壯果追肥期
氮肥	30%	20%	15%	35%
磷肥	40%	30%	20%	10%
鉀肥	30%	10%	20%	40%

四、不同施肥期氮、磷、鉀養分施用量

中等肥力條件下，不同施肥期氮、磷、鉀養分施用量見表 6-7-4、表 6-7-5。

表 6-7-4　生產 100kg 荔枝、龍眼傳統施肥方式每畝養分施用量

養分	採後追肥期	花前追肥期	壯果追肥期
N	1.50	0.60	0.90
P_2O_5	0.60	1.00	0.40
K_2O	0.80	1.20	2.00

表 6-7-5　生產 100kg 荔枝、龍眼水肥一體化方式每畝養分施用量

養分	採後追肥時期	花前追肥期	謝花追肥期	壯果追肥期
N	0.68	0.45	0.34	0.78
P_2O_5	0.60	0.45	0.30	0.15
K_2O	0.90	0.30	0.60	1.20

五、不同施肥期具體施肥操作

樹齡、目標產量、品種、土壤肥力、氣候、施用方式等會導致每株荔枝、龍眼鮮果產量有較大差異。為方便大家使用，下面列出單位面積（株或畝）、單位產量（100kg）的肥料投入量。具體施用時，可以以此為依據進行簡單計算得出。

1. 傳統施肥方式

（1）採後追肥期肥料施用方法及用量　採後追肥期施肥時，可採用條狀溝施肥，即沿荔枝、龍眼栽植的行向在荔枝、龍眼滴水線下挖一條 30～40cm 深溝，將肥料均勻撒入溝內，回填土壤，澆水；也可採用穴狀施肥，在荔枝、龍眼滴水線下挖直徑 40cm、深 40cm 穴，一般每株挖 2 個，在樹兩邊相對進行，然後施入腐熟好的有機肥，回填土壤。第二年與上一年施肥位置錯開進行。

表 6-7-6 提供了本時期每株荔枝、龍眼生產 100kg 鮮果需要補充的化學肥料用量，也可以生產 100kg 荔枝、龍眼施用氮、磷、鉀含量接近 15-6-8 的複合肥 10kg。具體肥料畝用量根據果園產量按倍數計算，施用時按照株行距換算成單株或單行用量進行施用。

表 6-7-6　生產 100kg 荔枝、龍眼採後追肥期每畝肥料施用量

肥料類型	化學肥料用量（kg）	備注
尿素（N，46%）	1.96	每株須配合施用 15～20kg 優質堆肥，或 5～10kg 商品有機肥
15-15-15 複合肥	4.00	
農用硫酸鉀（K_2O，50%）	0.40	

（2）花前追肥期肥料施用方法及用量　花前追肥期肥料類型主要以化學肥料為主，開溝或挖穴的深度和寬度可以在 15～20cm，也可以撒施。各類肥料與土混勻覆蓋後，及時灌水。

表 6-7-7 提供了本時期每株荔枝、龍眼生產 100kg 鮮果需要補充的化學肥料用量，也可以每生產 100kg 荔枝、龍眼施用氮、

磷、鉀含量接近6-15-12的複合肥10kg。具體肥料畝用量根據果園產量按倍數計算，施用時按照株行距換算成單株或單行用量進行施用。

表6-7-7 生產100kg荔枝、龍眼花前追肥期每畝肥料施用量

肥料類型	化學肥料用量（kg）
15-15-15複合肥	6.67
農用硫酸鉀（K_2O，50%）	0.40

（3）壯果追肥期肥料施用方法及用量　施用方法與花前追肥期相同。

表6-7-8提供了本時期每株荔枝、龍眼生產100kg鮮果需要補充的化學肥料用量，也可以每生產100kg荔枝、龍眼施用氮、磷、鉀含量接近18-8-40的複合肥20kg。具體肥料畝用量根據果園產量按倍數計算，施用時按照株行距換算成單株或單行用量進行施用。

表6-7-8 生產100kg荔枝、龍眼壯果追肥期每畝肥料施用量

肥料類型	化學肥料用量（kg）
尿素（N，46%）	1.09
15-15-15複合肥	2.67
農用硫酸鉀（K_2O，50%）	3.20

2. 水肥一體化方式

（1）採後追肥期肥料施用方法及用量　有機肥的施用參照傳統施肥方式開溝施用。化肥的施用透過水肥一體化系統注入。

表6-7-9提供了本時期每畝荔枝、龍眼生產100kg鮮果需要補充的化學肥料用量，也可以每生產100kg荔枝、龍眼施用養分含量接近13-12-18的複合肥5kg。具體肥料畝用量根據果園產量按倍數計算。全部肥料分3次施入，每次肥料用量均衡施入或前多後少施入。

表6-7-9　生產100kg荔枝、龍眼採後追肥期每畝肥料施用量

肥料類型	化學肥料用量（kg）	備註
尿素（N，46％）	0.67	
磷酸一銨（工業級；N，11.5％；P_2O_5，60.5％）	0.99	每株須配合施用15～20kg優質堆肥或5～10kg商品有機肥
硝酸鉀（一等級，晶體；N，13.5％；K_2O，46％）	1.96	

（2）花前追肥期肥料施用方法及用量　化學肥料的施入均透過水肥一體化系統注入。

表6-7-10提供了本時期每畝荔枝、龍眼生產100kg鮮果需要補充的化學肥料用量，也可以每生產100kg荔枝、龍眼施用氮、磷、鉀含量接近18-18-12的複合肥2.5kg。具體肥料畝用量根據果園產量按倍數計算。全部肥料1次性施入。

表6-7-10　生產100kg荔枝、龍眼花前追肥期每畝肥料施用量

肥料類型	化學肥料用量（kg）
硝酸銨鈣（N，15％；Ca，18％）	1.80
磷酸一銨（工業級；N，11.5％；P_2O_5，60.5％）	0.74
硝酸鉀（一等級，晶體；N，13.5％；K_2O，46％）	0.65

（3）謝花追肥期肥料施用方法及用量　化學肥料的施入均透過水肥一體化系統注入。

表6-7-11提供了本時期每畝荔枝、龍眼生產100kg鮮果需要補充的化學肥料用量，也可以每生產100kg荔枝、龍眼施用氮、磷、鉀含量接近12-12-18的複合肥2.5kg。具體肥料畝用量根據果園產量按倍數計算。全部肥料1次性施入。

表6-7-11　生產100kg荔枝、龍眼謝花追肥期每畝肥料施用量

肥料類型	化學肥料用量（kg）
尿素（N，46％）	0.22

(續)

肥料類型	化學肥料用量（kg）
磷酸一銨（工業級；N, 11.5%；P_2O_5, 60.5%）	0.50
硝酸鉀（一等級，晶體；N, 13.5%；K_2O, 46%）	1.30

（4）壯果追肥期肥料施用方法及用量　化學肥料的施入均透過水肥一體化系統注入。

表6-7-12提供了本時期每畝荔枝、龍眼生產100kg鮮果需要補充的化學肥料用量，也可以生產100kg荔枝、龍眼施用氮、磷、鉀含量接近16-3-24的複合肥5kg。具體肥料畝用量根據果園產量按倍數計算。全部肥料分2次施入，每次肥料用量均衡施入或前多後少施入。

表6-7-12　生產100kg荔枝、龍眼壯果追肥期每畝肥料施用量

肥料類型	化學肥料用量（kg）
尿素（N, 46%）	0.87
磷酸一銨（工業級；N, 11.5%；P_2O_5, 60.5%）	0.25
硝酸鉀（一等級，晶體；N, 13.5%；K_2O, 46%）	2.61

果樹科學施肥技術手冊

主　　編：	李燕青，傅國海，何文天
發 行 人：	黃振庭
出 版 者：	崧燁文化事業有限公司
發 行 者：	崧燁文化事業有限公司
E - m a i l：	sonbookservice@gmail.com
粉 絲 頁：	https://www.facebook.com/sonbookss/
網　　址：	https://sonbook.net/
地　　址：	台北市中正區重慶南路一段 61 號 8 樓 8F., No.61, Sec. 1, Chongqing S. Rd., Zhongzheng Dist., Taipei City 100, Taiwan
電　　話：	(02)2370-3310
傳　　真：	(02)2388-1990
印　　刷：	京峯數位服務有限公司
律師顧問：	廣華律師事務所 張珮琦律師

-版權聲明-

本書版權為中國農業出版社授權崧燁文化事業有限公司獨家發行電子書及繁體書繁體字版。若有其他相關權利及授權需求請與本公司聯繫。

未經書面許可，不得複製、發行。

定　　價：350 元
發行日期：2025 年 02 月第一版
◎本書以 POD 印製

國家圖書館出版品預行編目資料

果樹科學施肥技術手冊 / 李燕青，傅國海，何文天 主編 .-- 第一版 .-- 臺北市：崧燁文化事業有限公司，2025.02
面；　公分
POD 版
ISBN 978-626-416-294-4(平裝)
1.CST: 果樹類 2.CST: 栽培 3.CST: 肥料
435.3　　　　　　114000810

電子書購買

爽讀 APP　　　臉書